KLEINES LEXIKON DER KÜCHENIRRTÜMER

LUDGER FISCHER

KLEINES LEXIKON DER
KÜCHENIRRTÜMER

Eichborn

Dr. Ludger Fischer, geboren 1957, Politikwissenschaftler und Kunsthistoriker, Politikberater in Brüssel, zuständig für die Hersteller von Lebensmitteln in Kleinbetrieben, in Bäckereien, Metzgereien, Eisdielen etc., Mitglied der »Beratenden Gruppe für die Lebensmittelkette« der Europäischen Kommission, des Beratungsgremiums der Interessenvertreter bei der Europäischen Behörde für Lebensmittelsicherheit EFSA und anderer EU-Gremien zu Fragen der Lebensmittelsicherheit.

Küchentechnische Beratung: Sandro Bedin, geboren 1965, Gastronomiekoch und diplomierter Küchenchef, Produktionsleiter und Betriebsausbilder. Nach 20 Jahren Erfahrung in der Gastronomie, u. a. als Küchenchef in renommierten Luzerner Restaurants, arbeitet er heute beim Migros Genossenschaftsbund in Zürich als Leiter der Foodentwicklung.

2 3 4 10 09

Umschlaggestaltung: Christiane Hahn
unter Verwendung eines Fotos von © Plainpicture
Lektorat: Sabine Rock, www.druckreif-rock.de
Typografie und Ausstattung: Cosima Schneider
Satz: Greiner & Reichel, Köln
Druck und Bindung: CPI – Clausen & Bosse, Leck
ISBN 978-3-8218-5700-8

FSC Mix
Produktgruppe aus vorbildlich bewirtschafteten Wäldern und anderen kontrollierten Herkünften
www.fsc.org Zert.-Nr. GFA-COC-001223
© 1996 Forest Stewardship Council

Eichborn Verlag, Kaiserstraße 66, 60329 Frankfurt am Main
Mehr Informationen zu Büchern und Hörbüchern aus dem Eichborn Verlag finden Sie unter www.eichborn.de.

Worum es geht

Pilze darf man nicht aufwärmen, das wusste schon die erfahrene Oma. Und Spinat auch nicht. Und ein tolles Menü am Abend macht dick. Und Muscheln soll man nur in Monaten mit »R« essen. Und ein Soufflé fällt zusammen, wenn man zu früh die Ofentür öffnet – es gibt unzählige Küchenweisheiten. Die meisten entbehren aber jeder Grundlage, sind längst veraltet oder schlichtweg falsch, wie auch die hier zitierten.

»Die Kulturtechnik des Kochens geht leider verloren«, beklagte unlängst eine Kulturpessimistin, von der zuvor berichtet wurde: »Nach alter Hausfrauenart drischt sie mit dem Fleischklopfer auf die Koteletts ein (...)«.[1] Es gibt auch Kulturtechniken, die wie das Fleischklopfen aus guten Gründen in Vergessenheit geraten. Sie stammen aus einer Zeit, in der andere Bedingungen für die Nahrungszubereitung galten oder in der einfach wesentlich weniger über die Prozesse bekannt war, die beim Kochen ablaufen.

Der Mensch ist nicht nur, wie Ludwig Feuerbach behauptete, das, was er isst, sondern er ist auch so, wie er isst, und er ist so, wie er dieses Essen zubereitet.[2] Es ist sicher keine allzu kühne Behauptung, dass hier auch philosophische Dimensionen gestreift werden. Was in diesem Buch gemacht wird, ist schließlich nichts anderes als Falsifikation, also die Widerlegung einer für richtig gehaltenen Annahme. Nur so ist Erkenntnisfortschritt möglich. Karl Popper wäre begeistert.[3] Die Zubereitung von Essen ist eine hohe Kulturleistung, selbst wenn es nur um das Öffnen einer Dose und das Erhitzen ihres Inhalts geht.

Kochen und Backen sind lebenswichtige Kulturtechniken. Es hat Jahrtausende gedauert, bis, als Ergebnis von Irrtümern und Erfolgen, ungefährliche, nahrhafte, manchmal sogar schmackhafte Speisen hergestellt werden konnten. Wahrscheinlich war es aber eher so, dass sich der Geschmack den Möglichkeiten angepasst hat.[4] Geschmack hängt trotzdem stark von individueller Prägung ab. Man kann hier nicht von richtig oder falsch sprechen. Bei Zubereitungstechniken ist das anders. Man kann Techniken richtig oder falsch anwenden oder man kann überhaupt eine falsche Technik anwenden.

Die Kulturtechniken des Kochens und Backens werden mündlich oder schriftlich übertragen. Koch- und Backbücher sind Lehrbücher, die zahlreichen Ratgeber eine abgeschwächte Form davon. Wie viele Lehrbücher spiegeln diese Werke nicht den aktuellen Stand der Wissenschaft, sondern den traditionellen Hintergrund ihrer Autoren. Wie alle Kulturtechniken sind das Kochen und Backen stark von Traditionen geprägt. Traditionen gelten auch in diesem Bereich als sinnvoll. Von Zeit zu Zeit müssen sie aber überprüft und möglicherweise durch neue Traditionen ersetzt werden. Ich würde es sogar vorziehen, wenigstens beim Kochen ganz auf Traditionen zu verzichten. Die Begründung eines Vorgehens mit dem Argument »Das hat man immer so gemacht« reicht mir einfach nicht. Möglicherweise hat man es ja immer falsch gemacht. In diesem Buch geht es also um Irrtümer, die solchen Traditionen und Überlieferungen entspringen und die durch die neuere, aber noch nicht allgemein bekannte Forschung ausgeräumt wurden.

Millionen Menschen sind an falsch oder schlecht zubereiteten und gelagerten Speisen gestorben. Und die Begründung dafür wird oft ungefähr so lauten: Es war eben so eine Tradition. Im 21. Jahrhundert, so könnte man glauben, seien wir über dieses Stadium hinaus. Aber auch heute gibt es noch viele folgenschwere Irrtümer. Zum

Glück sterben heute immer weniger Menschen durch die falsche Lagerung und Zubereitung der Speisen. Auf der anderen Seite nutzen sie das, was an Nährwert und Geschmack in unseren Lebensmitteln steckt, nicht immer vollständig aus. In der Küche geht es noch immer eher um Tradition als um angewandte Chemie und Physik.

Die Mythen um die ernährungsphysiologische Wirkung von Lebensmitteln, Zusatzstoffen und Diäten wurden in den letzten Jahren sehr kritisch unter die Lupe genommen.[5] In diesem Buch geht es dagegen um Zubereitungs- und Lagerungsirrtümer – also um Küchenirrtümer. Es geht aber auch um Missverständnisse der Benennung, der Herkunft und um Vorurteile gegenüber bestimmten Methoden und Inhaltsstoffen. Mythen rund um die Zubereitung von Speisen sind nicht nur tief in den Köpfen von Hausfrauen und Hausmännern verankert. Auch professionelle Köche und sogar Ökotrophologen, die es ja eigentlich besser wissen sollten, haben sie verinnerlicht. Dieses Lexikon liefert seinen Lesern Informationen über die Veränderung von Zubereitungs- und Lagerungsmethoden, bei denen sich viele vermutlich schon oft gefragt haben, warum sie das wohl immer so gemacht haben. Es klärt außerdem über Missverständnisse auf, die auf Vorurteilen und veralteten Kenntnissen der physikalisch-chemischen Vorgänge des Kochens beruhen.

Bei Diskussionen über richtige Ernährung und die Zubereitung der Speisen gibt es zwei gleichermaßen unbefriedigende Entwicklungen. Entweder enden sie mit der wegwerfenden Bemerkung »Mir muss es einfach schmecken, dann ist es mir egal, wie und womit es gekocht wurde« oder es stellt irgendjemand die Frage, was der Urmensch wohl zu sich genommen hat und wie die Zubereitungsmethoden sich seitdem verändert haben. Je nach Standpunkt heißt es dann, dass seitdem eine Verfeinerung, also Verbesserung eingetreten sei oder aber, dass die Essenszubereitung »überverfeinert« wurde und daher heute viel zu kompliziert sei. Letzteres kommt meist von den Kulturpessimisten. Tatsächlich, würde ich sagen, hat keiner recht. Die Vorbereitung von Nahrung zum Verzehr bis hin zum »Convenience-Food« ist gut entwickelt. Von einer »Hochzivilisation« kann man bei der Essenszubereitung aber noch keineswegs sprechen. Noch immer geht es darum, erlegte Tiere und aufgesammelte Früchte für den eigenen Stoffwechsel nutzbar zu machen. Dafür gibt es nach wie vor genau drei Zubereitungsmethoden: zerkleinern, erhitzen sowie zerkleinern und erhitzen.[6]

Um die Nahrung aufnehmen zu können, wird sie zerkleinert, entweder vor dem Essen, beim Essen oder beim anschließenden Vorgang des Verdauens. Ich bin nicht der Meinung, dass schon das Kauen zum Verdauungsvorgang gehört, auch wenn im Mund neben den mechanischen schon wesentliche chemische Zersetzungsvorgänge ablaufen.

Es heißt immer wieder, Kochen sei eine Kunst. Ich glaube das nicht. Genauso gut könnte man Putzen und Waschen als eine Kunst bezeichnen, die Bewältigung eines Büroalltags oder das Chauffieren eines Linien-Gelenkbusses mit Schulkindern durch den Berufsverkehr. Es gibt kaum eine Tätigkeit, die nicht Augenmaß, Übersicht, Urteilskraft und Kreativität erfordert. Damit hatte Joseph Beuys tatsächlich recht.

Ich besitze nicht ein einziges Kochbuch. Kochbücher enthalten Rezepte und Rezepte interessieren mich nicht. Deshalb werden Sie in diesem Lexikon auch keine Rezepte finden. Rezepte stehen heutzutage auch eher in Krimis und da stören sie mich auch.

Zum Aufbau des Buches: Die folgende Liste von Irrtümern ist natürlich kein »Lexikon« im klassischen Sinn. Trotzdem kann die alphabetische Auflistung vielleicht helfen, wenn Sie einmal nachschlagen wollen, was es mit einem Missverständnis oder Irrtum auf sich hat.

Ludger Fischer

A

Alkohol verdampft beim Kochen

Zum Glück nicht! Jedenfalls nicht so schnell, wie Sie es vielleicht erwarten würden. Was einen Braten in Burgundersoße ausmacht, eine Brüsseler Karbonade mit süßer Biersoße oder ein Coq au Vin sind die zarten Aromen, die vom Alkohol gebunden und weitergetragen werden. Wer für alkoholkranke Menschen oder Kinder kocht, sollte mit den Alkoholgaben aber vorsichtig sein. Alkohol ist durchaus nicht so flüchtig, wie es vielleicht erscheint. Noch zu oft wird behauptet: »Das bisschen Alkohol ist doch längst verkocht, bis das Essen auf dem Tisch steht.«

Reiner Alkohol (und nur reiner) siedet schon bei 78 Grad. Mischungen von Alkohol mit anderen Flüssigkeiten, vorwiegend Wasser, sieden aber wegen des enthaltenen Wassers auch schon einmal erst knapp vor 100 Grad. Alle trinkbaren und zum Kochen verwendeten alkoholischen Getränke haben nun einen Alkoholgehalt von 9 Prozent (belgisches Bier), 12 Prozent (Wein) oder maximal 40 Prozent (alle Sorten von Schnaps). Es sind darin also bis zu 91 Prozent Wasser enthalten, das einem Verdunsten (Sieden) des Alkohols erst einmal entgegenwirkt.[7] Diese Erfahrung kann jeder machen, der sich auf einen Weihnachtsmarkt begibt und einen Glühwein trinkt. In den unschönen Warmhaltetöpfen wird er über Stunden auf Trinktemperatur gehalten und enthält doch, wenn er getrunken wird, noch so viel Alkohol, dass einem ganz warm ums Herz wird.

An der University of Idaho wurden die genauen Werte ermittelt: Eine kochende Soße oder Suppe mit Wein oder Schnaps enthält noch bis zu 85 Prozent des zugegebenen Alkohols. Längere Kochzeiten führten wie erwartet zu geringeren Anteilen. Nach einer halben Stunde waren immerhin noch 35 Prozent enthalten und selbst nach zweieinhalb Stunden enthielt eine Soße noch fünf Prozent der ursprünglichen Alkoholmenge.[8] Also: Vorsicht bitte.

Alufolie muss mit der matten Seite nach außen zeigen

Alles hat zwei Seiten, Alufolie auch: eine glänzende und eine matte. Immer wieder geistert durch die Kochempfehlungsliteratur der Hinweis, dass die glänzende Seite einer Alufolie eine andere Wirkung habe als die matte. So gibt es zum Beispiel für das Grillen die Empfehlung, die matte Seite müsse beim Einwickeln von Fleisch oder Fisch nach außen weisen. Sie lasse Hitze durch und ermögliche das Garen, während die glänzende Seite Hitze abschirme.[9] Oder: »Die matte Seite nimmt Wärme und Kälte auf, die glatte Seite weist Kälte und Wärme ab. Beim Frischhalten von Speisen muss die blanke Seite außen sein, beim Garen in der Alufolie muss die matte Seite außen sein.«[10]

Meist wird gar nicht auf die Ursache dieser angeblich unterschiedlichen Wirkung eingegangen. Wenn überhaupt, dann wird die Vermutung geäußert, der Abschirmungseffekt gehe auf eine bessere Wärmereflexion zurück. Auch wenn es sich plausibel anhört, so ist es doch ein Irrtum oder, besser gesagt, ein Effekt, der küchentechnisch überhaupt nicht ins Gewicht fällt. Aluminium wird zwischen Walzen ausgewalzt, bis es nur noch etwa 4 µm dick ist. 4 µm sind 0,004 Millimeter. Somit ist das Aluminium etwa zehnmal dünner als ein dünnes menschliches Haar. Beim letzten Walzvorgang laufen zwei Schichten Alufolie übereinander durch die Walzen. Dabei werden die äußeren Seiten glänzend, die inneren bleiben matt. Die beiden Folienstränge werden dann getrennt und jeweils so aufgewickelt, dass die glänzende Seite nach außen zeigt. Der Grund dafür ist simpel: Es sieht schöner aus.

Die Wärmestrahlung wird von der polierten Seite der Alufolie tatsächlich stärker reflektiert als von der unpolierten. Das ist aber völlig unerheblich. Bei den Temperaturen, die im Backofen herrschen, also etwa 250 Grad Celsius, spielt die Wärmestrahlung bei der Wärmeübertragung nämlich nur eine untergeordnete Rolle. Die meiste Wärme wird durch Konvektion übertragen, nämlich in der Ofenluft (Konvektion: ein Teilchentransport durch äußere Einwirkung). Innerhalb der Folie überwiegt dann die Wärmeleitung. Erst bei Temperaturen über 500 Grad Celsius leistet die Wärmestrahlung einen schwachen wahrnehmbaren Beitrag zur Wärmeübertragung. Schafft Ihr Herd 500 Grad Celsius?[11]

Unter Hobbyköchen gilt trotzdem die Faustregel: Will man etwas schnell garen, dann verwende man die matte Seite der Alufolie nach außen. Soll Hitze abgeschirmt werden, dann lege man die glänzende Seite nach außen. Viele Praxistests haben diese Vorgehensweise bereits widerlegt.[12] Der Gesamtverband der Aluminiumindustrie in Düsseldorf teilt deshalb auch mit: »Entgegen dieser weitverbreiteten Meinung spielt es keine Rolle, auf welche Seite der Folie Sie die Nahrungsmittel legen. Unzählige Tests haben keine unterschiedlichen Gär- und Bräunungsergebnisse ergeben. Der unterschiedliche Glanz ist rein produktionstechnisch bedingt und beeinflusst nicht den Garverlauf.«[13]

Fazit: Verwenden Sie Alufolie einfach so, wie sie Ihnen am besten gefällt.

Aluminiumtöpfe verursachen die Alzheimerkrankheit

Aluminiumteilchen aus Töpfen und Pfannen, so heißt es noch immer in vielen Warnhinweisen, könnten die Alzheimerkrankheit auslösen.[14] Bei Autopsien hatte man in den Gehirnen verstorbener Alzheimerpatienten erhöhte Aluminiumkonzentrationen festgestellt. Die Werte waren nicht zu vernachlässigen, weil sie immerhin vier- bis sechsmal so hoch waren wie bei Menschen, die ohne erkennbare Alzheimerkrankheit gestorben waren. Wieder einmal viel zu schnell wurden Ursache und Wirkung vertauscht und man nahm Aluminium als Ursache der Krankheit an – nicht etwa, was genauso nahe gelegen hätte, die Krankheit als Ursache der erhöhten Aluminiumkonzentration. Erstaunlich ist auch, dass die Warnhinweise sich alle recht allgemein auf »Forschungen« beziehen, ohne konkrete Untersuchungen zu nennen. Das deutsche Bundesinstitut für Risikobewertung (BfR) sieht dagegen für Warnhinweise keinen Anlass: »Die geschätzte Aluminium-Aufnahme sowohl aus Lebensmittelbedarfsgegenständen (z.B. Aluminiumfolien, Kochgeschirr) als auch aus kosmetischen Mitteln (Antitranspirante) ist gering«, heißt es in der am 22. Juli 2007 aktualisierten Stellungnahme zu diesem Thema.[15] Das gelte vor allem im Vergleich zur Aufnahme aus Lebensmitteln, die Aluminium natürlicherweise enthalten. Laut National Institute of Health (USA) gibt es für eine Verbindung von Aluminiumaufnahme und Alzheimerkrankheit nicht einmal Hinweise. Die Mengen Aluminium, die von entsprechenden Kochgefäßen an die darin zubereiteten Speisen abgegeben werden, seien minimal.[16] Auch die Weltgesundheitsorganisation (WHO) sieht keinen Zusammenhang zwischen der oralen Aluminiumaufnahme und dem Risiko, an Alzheimer zu erkranken.

Das Europäische Forum für Gesundheitsinformationen und die Universität Berkeley in Kalifornien untersuchten die am Herd gebräuchlichsten Materialien. Sie kamen zu dem Schluss: Eine Beziehung von Aluminium in Trinkwasser und der Alzheimerkrankheit, die in mehreren epidemiologischen Studien nachgewiesen wurde, kann nicht leicht abgetan werden. Dennoch ist ein ursächlicher Zusammenhang durch diese Studien nicht nachgewiesen.[17] Vielleicht ist es ja doch genau anders herum. Alzheimererkrankte lagern mehr Aluminium ein. Die Alzheimer Forschungsinitiative kommt zu dem Schluss: »Viele Wissenschaftler glauben, dass die Anhäufung von Aluminium im Gehirn von Alzheimerpatienten eher aus der Zerstörung der Nervenzellen resultiert, als sie Ursache der Zerstörung ist. [...] Die Aluminiumbelastung durch Koch-Utensilien, Backpulver, Deodorants oder Antazide reicht nicht aus, die Krankheit zu verursachen.«[18] Umso erstaunlicher ist es, dass das eingangs erwähnte Bundesinstitut für Risikobewertung trotzdem empfiehlt, für Lebensmittel wie Apfelmus, Rhabarber, Tomatenpüree oder Salzhering keine aluminiumhaltigen Töpfe oder Schalen zu verwenden und bei diesen Lebensmitteln auf den Einsatz von Aluminiumfolie zu verzichten.[19] Der Hintergrund: Aluminium löst sich unter dem Einfluss von Säuren und Salzen. Tomatensoße etwa schmeckt dann bitter. Wenn es aber völlig ungefährlich ist und wenn nachgewiesene Aluminiumablagerungen in Gehirnen von Menschen, die an Alzheimer erkrankt waren, nicht Ursache, sondern Folge der Erkrankung sind: Warum sollte man dann aus gesundheitlichen Gründen darauf verzichten? (Lesen Sie dazu auch »Kupfertöpfe sind ideal zum Kochen.«)

Aufgetautes Fleisch darf man nicht wieder einfrieren

Schönes Wetter, Grillfest, ein paar Leute einladen, Getränke kaufen, das Fleisch aus der Kühltruhe holen. Natürlich wird zu viel getrunken, natürlich wird weniger Fleisch gegessen als angenommen. Was tun mit dem einmal aufgetauten Fleisch? Ungegrillt kühlen oder wieder einfrieren? Grillen und dann kühlen oder einfrieren?

Die Europäische Richtlinie vom 21. Dezember 1988 zur Angleichung der Rechtsvorschriften der Mitgliedsstaaten über tiefgefrorene Lebensmittel legt in Artikel 8, Abschnitt B, Unterpunkt d) fest: »Das Etikett aller tiefgefrorenen Lebensmittel muss einen deutlichen Vermerk der Art ›Nach dem Auftauen nicht wieder einfrieren‹ tragen.«[20]

In ganz Europa stehen diese Sätze auf jeder Tiefkühlpackung, »Niet opnieuw infiezen na ontdooien«, »Ne pas récongeler après décongelation« etc.[21] Achtung, jetzt wird es paragrafisch: In Österreich »begeht u.a. derjenige eine Verwaltungsübertretung und ist mit Geldstrafe bis zu 50 000 S zu bestrafen, der bei einem tiefgefrorenen Lebensmittel, das für den Letztverbraucher bestimmt ist, die handelsübliche Sachbezeichnung nicht mit dem Ausdruck ›tiefgefroren‹, ›Tiefkühlkost‹, ›tiefgekühlt‹ oder ›gefrostet‹ kennzeichnet, den Zeitraum für die Lagerung beim Letztverbraucher in Zusammenhang mit der jeweiligen Aufbewahrungstemperatur oder der zur Aufbewahrung erforderlichen Anlage nicht angibt und einen deutlich lesbaren Vermerk der Art ›Nach dem Auftauen nicht wieder einfrieren‹ nicht dauerhaft anbringt«.

So steht's in einem Urteil des Unabhängigen Verwaltungssenats des Landes Oberösterreich.[22] Der Aufdruck ist also schon einmal juristisch gerechtfertigt. Ist er es aber auch kochtechnisch, in diesem Fall mikrobiologisch? Eher nicht.

Das Ungünstigste, was man mit einem aufgetauten Stück Fleisch machen kann, das schon einmal auf einem Teller neben dem Grill gelegen hat, ist, es nur in den Kühlschrank zu legen. Man »ärgert« die Bakterien dann zwar: Sie können sich nicht so schön weitervermehren, wie sie es schon neben dem Grill gemacht haben. Das Vermehren wird dadurch aber nicht gänzlich gestoppt. Die Anzahl der Bakterien verdoppelt sich bei Zimmertemperatur alle 20 Minuten. Bei vier Grad Kühlschranktemperatur wird ihre Vermehrung etwas erschwert. Weniger werden es aber auch nicht, selbst dann nicht, wenn man das Fleisch bei etwa minus 18 Grad wieder einfriert. Die Bakterien erstarren dann, vermehren sich nicht, leben aber weiter und entwickeln sich beim Wiederauftauen ausgehend von der vorherigen Menge weiter. Durch das Einfrieren werden Bakterien also nicht – wie durch Erhitzen – zerstört. Was tun?

Ein probater Umgang mit frischem, schon länger offen liegendem, wie auch mit aufgetautem Fleisch ist das Durchbraten und anschließende Einfrieren. Die vorhandenen Bakterien sind dann sicher abgetötet und können auch nach dem Auftauen ihr zerstörerisches Werk nicht mehr fortsetzen. Dann aber kommen ihre Kollegen zum Zug, die auf dem durchgebratenen und anschließend eingefrorenen und wieder aufgetauten Fleisch einen idealen Nährboden finden. Auch dieses Fleisch muss also nach dem Auftauen wieder durcherhitzt werden. Man kann sich vorstellen, dass Geschmack und Konsistenz durch diese Vorgänge nicht gerade verbessert werden, ganz zu schweigen von den Vitaminen, die anfänglich im Fleisch vorhanden waren.

Im Lebensmittelrecht schlägt sich dieser Qualitätsverlust nieder: Tiefgefrorenes, danach aufgetautes Fleisch muss in der Metzgerei oder der Selbstbedienungstheke mit dem Hinweis »aufgetaut – sofort verbrauchen« gekennzeichnet werden. Andernfalls liegt eine Irreführung der Verbraucher vor. Marinierte Steaks oder Pfannengyros-Fleisch, bei dem dies häufig praktiziert wird, ist aber in keiner Weise unhygienischer als Frischfleisch.

B

Backöfen dürfen während der Garzeit von Fleisch nicht geöffnet werden

Anlass für diese seltsame Empfehlung für das Braten von Fleisch ist der angeblich hohe Feuchtigkeitsverlust, der durch das Öffnen der Backofentür entsteht. Fleisch, nach dem oft und lange mit geöffneter Tür gesehen werde, verliere auf diese Weise mehr von seinem kostbaren Saft als nötig.

Das aber würde heißen:

a) Im Mikroklima des Backofens wird beim Garen eine maximale Sättigung der Luft mit Wasser erreicht.

b) Diese Sättigung verhindert weiteres Verdunsten von Wasser aus dem Fleisch.

Die erste Behauptung lässt sich mithilfe eines hitzebeständigen Hygrometers leicht überprüfen.

Dazu zwei Szenarien – hier das erste: ein Herd älterer Bauart, befeuert mit Kohle oder Gas, ohne Sichtfenster. Die Ofentür schließt eher schlecht als recht, sicher nicht so dicht, dass bei 200 Grad keine feuchtigkeitsgeschwängerte Luft nach außen austreten könnte. Szenario zwei: ein moderner Elektrobackofen mit Sichtfenster und Innenbeleuchtung, möglicherweise mit Umluftventilator. Hier gibt es überhaupt keinen Grund, die Ofentür zu öffnen, weil man den Bräunungsgrad des Fleischs sehr gut durch das Fenster beobachten kann.

Und trotzdem: Wenn man es gelegentlich tut, etwa um weitere Gewürze hinzuzufügen, die über die gesamte Garzeit hin möglicherweise verbrennen würden, entsteht nur ein geringer Feuchtigkeitsverlust. Die Garzeit wird nur unwesentlich verlängert. Wenn man den Braten nicht zu lange in zu großer Hitze lässt, kann also gar nichts Schlimmes passieren. Im Gegenteil sollte man bei einem größeren Braten die auftretende Staufeuchtigkeit gelegentlich entweichen lassen. Sie übt ansonsten Druck auf die Fleischfasern aus, die sich zusammenziehen, was in der Folge das Fleisch zäh werden lässt. Um ganz sicher zu gehen, kann man die Niedrigtemperatur-Garmethode anwenden. (Lesen Sie dazu auch: »Scharfes Anbraten garantiert einen saftigen Braten.«) Dabei trocknet das Fleisch keineswegs aus, obwohl es stundenlang gegart wird. Es bleibt saftig und es entwickeln sich alle gewünschten Aromen.

Bestrahlung aus Lebensmitteln kann sich im Menschen anreichern

Erdnüsse sind keine Nüsse, sondern Hülsenfrüchte. Dagegen sind Erdbeeren keine Beeren, sondern Sammelnüsse. So weit, so sprachlich verwirrend, zumindest im Deutschen. Dass es sich bei Erdbeeren gar nicht um Beeren, sondern um Sammelnüsse handelt, kann man erkennen, wenn man einmal eine Erdbeere von Nahem betrachtet und die kleinen gelben Nüsschen daran entdeckt. Allergiker erkennen die Verwandtschaft einfach an einer pelzigen Zunge nach dem Essen. Einen Pelz tragen auch Erdbeeren selbst schon nach kurzer Zeit, wenn sie nicht unter Idealbedingungen gelagert werden. Erdbeeren sind sehr empfindliche Früchte. Etwas zu viel Feuchtigkeit, etwas zu viel Druck und es bildet sich auf ihrer Oberfläche Schimmel. Erdbeeren, die zu reif geworden sind, schimmeln schon am Strauch. Für einen Transport bzw. für die Übergabe an eine möglicherweise recht lange Vertriebskette müssen Erdbeeren deshalb behandelt werden.

Zur Vermeidung von Pilzwachstum gibt es zwei schlechte Methoden: a) das Besprühen mit einem Fungizid, also einem pilzabtötenden Mittel, und b) die Behandlung mit ionisierenden Gammastrahlen. Die Bestrahlung erzeugt im Lebensmittel Molekülbruchstücke, sogenannte Radikale und Ionen, die bei lebenden Organismen zur Schädigung der Zellen und damit zu deren Absterben führen. Genau das will man ja. Die Verwendung von Strahlen nennt man auch Kaltsterilisation. Der größte Vorteil der Kaltsterilisation: Die bestrahlten Früchte bleiben roh. Ihre Haltbarkeit verlängert sich auf bis zu zehn Tage. Wer darin eine Verbrauchertäuschung sehen will, muss schon sehr kompliziert argumentieren.[23] In den Erdbeeren selbst reichert sich diese Strahlung nicht an. Dazu müssten sie mit einer 1–10-millionenfach stärkeren Dosis bestrahlt werden.[24]

Gamma- und Röntgenstrahlen schädigen die Zellstruktur von Mikroorganismen. Sie schädigen sie sogar so stark, dass diese nicht mehr weiterleben können. Ihre Gene gehen kaputt. Wenn ein Mensch dieser Strahlung ausgesetzt wäre, würde er auch Schaden nehmen. Er nähme aber ebenfalls Schaden, wenn er sich in einen Ofen setzen würde oder sich mit kochendem Wasser übergösse. Das macht aber keiner. Bakterien und Insekten lässt man diese Behandlung jedoch ungerührt angedeihen. Das finde ich gut. Die Bestrahlung tötet nämlich auch Bakterien wie E. coli, Salmonellen, Staphylokokken und Listerien. Meine körpereigene Abwehr könnte nur mit ganz wenigen dieser Fieslinge fertig werden und dass ich die nächste Salmonellenvergiftung überlebe, ist keineswegs sicher. Sicher ist es aber, dass bei der Bestrahlung auch empfindliche Organismen wie Insekten und deren Larven getötet werden. Auch das finde ich gut. Die Strahlung macht, ich betone nochmal, die bestrahlten Lebensmittel nicht radioaktiv. Für den Verzehr ist diese Methode also völlig ungefährlich.

Bisher ist trotz erwiesener Unbedenklichkeit in Deutschland nur die Bestrahlung von getrockneten aromatischen Kräutern und Gewürzen mit Elektronen-, Gamma(γ)- und Röntgenstrahlen zugelassen. Das sind vor allem Knoblauchpulver, Majoran, Ingwer, Pfeffer und Petersilie. Auch die Bestrahlung dieser Kräuter muss in zusammengesetzten Lebensmitteln angegeben werden. 1999 wurden zwei EU-Richtlinien beschlossen, die europaweit die Bestrahlung von Lebensmitteln regeln.[25] Schon im Dezember 2000 wurde eine dieser Richtlinien mit der Lebensmittelbestrahlungsverordnung (LMBestrV) in deutsches Recht umgesetzt und damit der Verkauf bestrahlter Lebensmittel auch in Deutschland ermöglicht – nicht ganz zur Freude von Skeptikern, die zwar keine Gefährdung durch angereicherte Strahlung sehen, wohl aber eine mögliche Entstehung freier Radikale sowie Vitaminverlust. Bestrahlung zerstört tatsächlich Vitamine, wie auch jede Wärmebehandlung unter anderem in einer Mikrowelle Vitamine zerstört. Auch freie Radikale entstehen bei der Bestrahlung. Das nimmt man aber in Kauf, denn nur so erreicht man den wichtigsten Effekt einer Behandlung von Organismen mit Strahlen: die Zerstörung von Organismen, die Menschen gefährlich werden könnten. Dass sich in einer zehn Tage alten Erdbeere relativ weniger Vitamine befinden als in einer frisch geernteten, dürfte auf der Hand liegen. Dass damit ein nennenswertes Vitamindefizit beim Verzehr entstünde, nicht. (Siehe zu diesem Thema auch »Kochen zerstört die wertvollen Inhaltsstoffe von Gemüse«). Die Bundesforschungsanstalt für Ernährung stellte in ihrem Bericht zur Strahlenkonservierung von Lebensmitteln fest: »Nach Anwendung der richtigen Bestrahlungsdosis treten in Lebensmitteln nur geringe chemische Veränderungen auf. Sie sind mengenmäßig viel geringer als die durch Kochen und Braten verursachten Veränderungen.«[26] Von einem Praxisversuch in Frankreich wird berichtet: »Im

Mai und Juni 1987 wurde erstmalig auch in Frankreich ein Verbrauchertest durchgeführt; dabei wurden in Lyon auf mehreren Märkten drei Wochen lang bestrahlte Erdbeeren verkauft, für die eine Frischegarantie von vier Tagen gegeben wurde. Wegen der höheren Qualität der bestrahlten Erdbeeren waren viele Verbraucher bereit, den 30 % höheren Preis zu bezahlen.«[27] So interessant dieses Verbrauchertestergebnis auch ist, ganz legal kann es nicht abgelaufen sein, denn 1987 waren Erdbeeren in Frankreich nicht zur Bestrahlung freigegeben und sie sind es auch heute nicht.

Bestrahlung wird auch eingesetzt, um das Reifen von Südfrüchten zu verzögern. Bei Cognac dagegen beschleunigt sie die Alterung künstlich. Kartoffeln und Zwiebeln werden am Auskeimen gehindert und bei Champignons wird durch Bestrahlung die Hutöffnung verzögert.

Obwohl beim Bestrahlen von Lebensmitteln keine Radioaktivität in den Früchten zurückbleibt, ist diese chemiefreie Sterilisierungsmethode nicht beliebt und nicht sehr weit verbreitet. Zu aufwendig sind die Sicherheitsvorkehrungen, die bei der Anwendung getroffen werden müssen. Deshalb wird die Methode auch vorwiegend zur Sterilisation von medizinischem Gerät und von Verpackungsmaterial eingesetzt. Bei getrockneten Lebensmitteln ist der Einsatz schon etwas umfangreicher. Müslimischungen, Dörrobst und Trockengemüse werden häufig bestrahlt, um ohne Chemie Ungeziefer zu beseitigen.[28] Unsinnig und überflüssig ist diese Methode also nicht. Vor allem in schlecht entwickelten Ländern könnte sie zur Verbesserung der Hygiene eingesetzt werden. In Frankreich – man verzeihe mir den Gedankensprung von den schlecht entwickelten Ländern hierher – werden zahlreiche Lebensmittel (allerdings keine Erdbeeren), vor allem Froschschenkel und geschälte Garnelen bestrahlt. Sie dürfen aber nicht in Deutschland verkauft werden. Einige Verbraucher glauben, dass in Holland frische Früchte bestrahlt würden. Auch das ist nicht wahr.

Hier nun eine Übersicht über die zugelassene Bestrahlung von Lebensmitteln in Europa. Angegeben ist die in jedem Land zugelassene Maximaldosis in kGy (Kilogray).[29]

Lebensmittel	Belgien	Frankreich	Italien	Niederlande	Vereinigtes Königreich
tiefgefrorene Gewürzkräuter		10			
Kartoffeln	0,15		0,15		0,2
Süßkartoffeln					0,2
Zwiebeln	0,15	0,075	0,15		0,2
Knoblauch	0,15	0,075	0,15		0,2
Schalotten	0,15	0,075			0,2
Gemüse, einschließlich Hülsenfrüchte					1
Hülsenfrüchte				1	
Obst (einschließlich Pilze, Tomaten, Rhabarber)					2
getrocknete Gemüse und Früchte		1		1	
Getreide					1
Getreideflocken und -keime für Milchprodukte		10			
Getreideflocken				1	
Reismehl		4			
Gummiarabikum		3		3	
Hühnerfleisch				7	
Geflügel		5			
Geflügel (Hausgeflügel, Gänse, Enten, Perlhühner, Tauben, Wachteln und Truthähne)					7
mechanisch gewonnenes Hühnerfleisch		5			
Innereien von Hühnern		5			
tiefgefrorene Froschschenkel	5	5		5	
dehydriertes Blut, Plasma, Koagulate		10			

Lebensmittel	Belgien	Frank-reich	Italien	Nieder-lande	Vereinigtes Königreich
Fische und Muscheln (einschl. Aale, Krusten-tiere und Weichtiere)					3
tiefgefrorene geschälte Garnelen	5	5			
Garnelen				3	
Eiklar			3	3	
Kasein, Kaseinate		6			

Die Erfinder der deutschen Lebensmittelbestrahlungsverordnung[30] gehen offensichtlich davon aus, dass alle Lebensmittelhersteller ein Mathematikstudium absolviert und dabei auch nicht ganz schlecht abgeschnitten haben. Die durchschnittlich absorbierte Gesamtdosis wird darin nämlich so festgelegt:

»Bei der Bestimmung der Bekömmlichkeit von Lebensmitteln, die mit einer durchschnittlichen Gesamtdosis von 10 Kilogray oder weniger behandelt worden sind, kann davon ausgegangen werden, dass alle chemischen Bestrahlungseffekte in diesem spezifischen Dosisbereich proportional zur Dosis sind. Die durchschnittliche Gesamtdosis *D* wird durch die nachstehende Integralgleichung für das behandelte Lebensmittel festgelegt:

$$D = \frac{1}{M} \int p(x, y, z) d(x, y, z) dV$$

Hierbei ist

M = die Gesamtmasse der behandelten Probe

p = die lokale Dichte an dem betreffenden Punkt (x, y, z)

d = die an dem betreffenden Punkt (x, y, z) absorbierte lokale Dosis und

dV = infinitesimales Volumenelement dx dy dz

Alles klar?

Bratensatz muss mit kochend heißem Wasser abgelöscht werden

Ein Fond wird aus den in der Pfanne oder dem Topf verbleibenden Resten von angebratenem Fleisch oder Gemüse hergestellt. Die beim Anbraten entstandenen Aromen (Fachbegriff: Maillard-Reaktion) sollen nicht ins Spülwasser gelangen, sondern in den Fond. Dazu muss der Satz mit einer Flüssigkeit, im einfachsten Fall mit Wasser, gelöst werden. Das nennt man »Ablöschen«. Ältere und auch neuere Kochbücher (selbst solche, die vor dem Hintergrund molekularer Gastronomie geschrieben wurden) empfehlen, den Fond mit kochendem Wasser abzulöschen.[31] Ein Fond kann aber genauso gut mit einer kalten Flüssigkeit, mit Wasser, Wein oder Bier abgelöscht werden. Kein Mensch käme auf die Idee, Wein oder Bier (beim Gulasch eine ideale Flüssigkeit zur Herstellung einer leicht sauer-bitteren Sauce) zu erwärmen, bevor er damit den Satz des angebratenen Fleisches ablöscht. Es gibt dazu auch gar keinen Grund. Kalte Flüssigkeiten lösen den Fleisch- oder Gemüsesatz, der beim Anbraten die geschmacksintensive braune Schicht gebildet hat, ebenso gut ab wie heiße. Alle Aromen, die bei der Maillard-Reaktion entstanden sind, lösen sich in beiden Fällen in der Flüssigkeit und nur darum geht es. Da es anfangs sehr wenig Flüssigkeit ist, mit der der Satz abgelöst wird, ist sie ohnehin in Sekunden auf Kochtemperatur erhitzt: Wasser bei annähernd 100 Grad, bei Wein und Bier geschieht das durch den bereits bei 78 Grad siedenden Alkohol noch etwas eher. Die Vorstellung, dass sich der Satz mit heißem Wasser besser löst, muss wohl damit zusammenhängen, dass sich Zutaten normalerweise besser in heißen als in kalten Flüssigkeiten auflösen. Beim Ablösen des Bodensatzes entstehen aber gerade durch den Temperaturunterschied so starke Turbulenzen am Topfboden, dass die festgebackenen Teilchen, die Reaktionsprodukte, losgerissen werden und in die Lösung übergehen. Meistens ist es nicht einmal nötig, mit dem Kochlöffel oder Schneebesen nachzuhelfen, um den ganzen Satz zu lösen. Heißes Wasser, so befürchten Köche, die möglichst viele Aromen sichern wollen, würde zudem eher im Dampf entweichen.

Generationen von Köchen und Köchinnen haben deshalb einen ganzen Arbeitsschritt zu viel gemacht. Das Festhalten an Traditionen kostet auch in diesem Fall Zeit, die besser verwendet werden könnte.

Bratkartoffeln machen dick, weil sie viel Fett aufnehmen

Ein Bratkartoffelverhältnis ist etwas Wunderbares. Erotische und kulinarische Genüsse schaukeln sich zu gemeinsamen Höhepunkten auf. Daneben wirken die modischen »Geschmacksexplosionen« (ich bin schon ganz taub davon) wie das Platzen von Seifenblasen. Ein Bratkartoffelverhältnis ist aber auch gefährlich. Als direkte Folge ihres lustbetonten Verhaltens werden Menschen, die sich auf so ein Verhältnis einlassen, vor allem eines: dick. Daran führt kein Weg vorbei. Das ist die Strafe für ihr sündhaftes Verhalten. Wollust und Völlerei sind Strategien des Teufels, sein Werkzeug aber sind Bratkartoffeln. Die Methode der Zubereitung ist dabei weitgehend unwichtig, auch wenn Bratkartoffelfreunde und Freunde von Bratkartoffelfreunden das ganz anders sehen. Ob man sie roh oder gekocht brät, geschält oder als Pellkartoffeln, stiftelt oder raspelt, in Scheiben oder in unregelmäßige Stücke schneidet, Butter, Schmalz, Pflanzenöl, Olivenöl oder geklärte Butter verwendet, das Ganze in einer beschichteten oder in einer Stahlpfanne zubereitet, Zwiebeln oder Schalotten verwendet, Speck oder Bauchfleisch, Salz, Pfeffer, Kümmel, Thymian, Rosmarin, Knoblauch oder Bärlauch dazutut: Fast jede Kombination wird – je nach regionaler Tradition – als die einzig richtige empfunden.

Das Dickwerden aber soll von den angeblich mit Fett vollgesaugten Kartoffeln verursacht werden. Hervé This-Benckhard empfiehlt deshalb, Bratkartoffeln einige Minuten vorzukochen, sie bekämen so »eine schützende, stärkeverkleisterte Oberfläche. Dank dieser Schutzschicht absorbieren die Stärkekörner im Inneren nicht viel Öl.«[32]

Dazu ist Folgendes zu sagen: Bratkartoffeln nehmen überhaupt kein Fett auf. Nicht ein einziges Tröpfchen. Das ist gar nicht möglich, weil die durch Wärmeleitung ins Innere der Kartoffelstückchen gelangende Hitze keine Teilchen mit sich reißt, auch keine Fettmoleküle. Die vom heißen Fett angestoßenen Moleküle der Kartoffel selbst stoßen ihre Kollegen der nächsten Schicht an, dann diese ihre Nachbarn und so weiter, bis schließlich das ganze Kartoffelstückchen durcherhitzt ist. Dabei bildet sich im Inneren Wasserdampf. Der Dampf sucht sich seinen Weg nach außen und löst in der Pfanne das charakteristische Zischen aus. Der Dampfdruck verhindert jegliche Wanderung von Fett ins Innere der Bratkartoffeln. (Siehe auch: »Frittieren bei geringer Hitze lässt Fett ins Frittiergut eindringen«.) An der Oberfläche aber verursacht die Maillard-Reaktion die noch viel charakteristischere braune, wohlschmeckende Kruste. Irgendwann müssen auch die schönsten und fettfreiesten Kartoffeln einmal aus der Pfanne. Dann passiert's: Die Kruste hat durch ihre zerklüftete Oberfläche die Eigenschaft, sehr viel Fett zu binden.

»Fettlöffelblech, Weißblech, mit verzinntem Drahtsteg und Tropfmulde, blank, weiß lackirt m. Aufschrift oder neublau.« Das Fettlöffelblech mit Aufschrift ist zu bevorzugen, weil man in der Küchenhektik oft vergisst, wohin mit dem Fettlöffel, und ihn wer weiß wo hinlegt!

Ohnehin ist die Oberfläche durch das Schneiden, Stifteln und Raspeln ja schon erheblich vergrößert worden. Wissenschaftler sprechen dabei gern von einer »fraktalen Oberfläche«.

Das kalorienreiche Fett befindet sich also ganz sicher nicht *in* den Kartoffeln, sondern an deren Oberfläche. Die Erklärung für das Dickwerden von Menschen, die sich auf ein Bratkartoffelverhältnis einlassen, ist viel einfacher als vermutet: Bratkartoffeln machen dick, weil sie unglaublich gut schmecken und man zwangsläufig zu viel davon isst.

Brauner Zucker ist gesunder Zucker

Brauner Zucker ist manchmal etwas feucht. Das wirkt ganz lustig und sehr wenig raffiniert. Viele Menschen finden das gut. Ich habe einmal für mehrere Minuten sehr interessiert das Abrutschen der Zucker-Steilwände in einem großen Zuckerglas beobachtet, bis ich feststellte, dass es Ameisen waren, die darin ein Bergwerk betrieben. Seitdem esse ich keinen braunen Zucker mehr.

Brauner Zucker hat denselben Gehalt an Nährstoffen wie weißer Zucker. Brauner Zucker ist so kalorienreich wie weißer Zucker. Brauner Zucker trägt genauso viel zur Entstehung von Karies bei wie weißer Zucker. Wo liegt dann der Unterschied? Was ist daran »vollwertiger«?

Es klingt vielleicht etwas absurd, ist aber wahr: Brauner Zucker wird aus weißem Zucker hergestellt. Er ist also keineswegs eine Vorstufe oder eine weniger raffinierte Form von Zucker, sondern ein nach Abschluss des Raffinierungsprozesses gefärbter Zucker. Dazu wird weißer Zucker mit Sirup besprüht, der aus karamellisiertem, also erhitztem Zucker hergestellt ist. Das macht ihn etwas feucht. Auch diese Feuchtigkeit erweckt den Eindruck einer schwächeren Verarbeitung, obwohl es hier ja genau umgekehrt ist. Schwächere Verarbeitung gilt vielen Menschen als Vorteil. Sie glauben – und es ist tatsächlich ein Glaube, der religiösen Charakter hat –, beim Raffinieren würden dem Zucker »Vitalstoffe« entzogen. Was tatsächlich passiert, ist, dass bei diesem Vorgang Mineralien in Größenordnungen von einigen Mikrogramm zerstört werden. Für den Bedarf von Menschen sind die verlorenen Mineralien un-

»Zuckerbüchse, Weißblech mit Holzknopf, fein neublau lackirt mit Aufschrift ›Zucker‹ und Goldstreifen.« Ob Sie darin braunen oder weißen Zucker aufbewahren, auf Nährstoffgehalt, Kalorien und die Entstehung von Karies an Ihren Zähnen hat das keinen Einfluss.

erheblich. Wollte man seinen Mineralstoffbedarf tatsächlich durch Zucker decken, wären einige Kilogramm pro Tag zu schlucken.

Das Zwischenprodukt der Zuckerraffinierung, die Melasse, wird heute nur noch selten zur Färbung des Zuckers verwendet. Melasse besteht aus den Rückständen fauler Blätter, aus zerquetschten Käfern und Mäusekot. Auch mit noch so viel Sinn für natürliche Ernährung möchte man diese Rückstände normalerweise nicht im Zucker haben. Melasse ist wegen ihres noch immer hohen Zuckergehalts von 50 Prozent allerdings ein wertvolles Futtermittel. Für ganz Hartgesottene wird Melasse aber auch in Reformhäusern und Naturkostgeschäften verkauft. Einige Menschen halten Melasse aus unerfindlichen Gründen sogar für ein Anti-Aging-Mittel und – selbstverständlich auch ohne wissenschaftlichen Nachweis – für hilfreich gegen »Krebs, Tumore, Krampfadern, Arthritis, Schwächeanfälle, Geschwüre, Dermatitis, Ekzeme, Psoriasis, hohen Blutdruck, Angina Pectoris, Herzschwäche, Verstopfung, Kolitis, Schlaganfall, Anämie, Blasenleiden, Gallensteine, Nervenschwäche«.[33] Ich werde das hier nicht weiter kommentieren.

Brauner Zucker also ist nichts anderes als gefärbter, weißer Zucker. Deshalb ist es umso erstaunlicher, dass diesem Produkt die Aura des Geringerverarbeiteten, Gesünderen und Natürlicheren anhaftet. Brauner Zucker schmeckt leicht malzig. Manche Menschen mögen das. Als Süßungsmittel in der Vollwertküche trägt brauner Zucker vor allem zu dem gesund wirkenden Farbklang Braun in Braun bei.

Brot im Kochwasser verhindert so ziemlich alles, was Sie wollen

Bitte glauben Sie nicht, ich hätte mir diesen Irrtum nur ausgedacht, um ihn hier schön widerlegen zu können. Ich habe das von einer erfahrenen Hausfrau und hervorragenden Köchin gehört, die mir natürlich nicht sagen konnte, weshalb das Brot diese wunderbaren Eigenschaften haben sollte. Spargel, behauptete sie, werde nicht bitter, wenn man ein Stück Brot mitkoche. Ein Test ergab: Es stimmt einfach nicht. Das entbindet mich von einer Beweisführung dafür, warum es funktionieren könnte. Und jetzt kommt's noch schlimmer: Bei meinen anschließenden Recherchen stieß ich auf die noch viel unglaublichere Behauptung, das Mitkochen einer Scheibe Brot verhindere (jetzt bitte festhalten) das Holzigwerden des Spargels. Ich höre schon, wie Sie schnaufen, weil Sie genau wissen, dass holziger Spargel eine Frage der Qualität ist, die vor allem mit dem Alter des Spargels zusammenhängt, dass eine holzige Konsistenz mit großzügigem Schälen kaum gemindert werden und einen echten Spargelliebhaber sowieso nicht schrecken kann.

Recht haben Sie! Die Küchenwelt ist aber offensichtlich ein bisher unerkannter Hort reinen Glaubens. Bitterstoffe wandern nach dieser Vorstellung freiwillig aus dem

Spargel heraus und ins Brot hinein. Beliebte Weihegaben zur Kochwasserverbesserung sind außerdem Zucker, Zitronensaft, Natron, Butter und Milch. Wahrscheinlich müssen Sie sogar zugeben, eines dieser Zaubermittel selbst zu verwenden, ohne sich je Gedanken über dessen Wirkungsweise gemacht zu haben. Mitgekochtes Brot soll sogar beim Kochen von Blumenkohl, Brokkoli und anderen Kohlsorten den typischen und manchmal unangenehm empfundenen Geruch neutralisieren *und* die Verdaubarkeit des Kohls verbessern. Ähnlich wie beim Spargel soll es auch bei Chicorée dessen Bitterkeit mildern. (Siehe auch »Chicorée muss man in kochendem Wasser blanchieren«.) Ein weiteres physikalisches Rätsel gibt uns ein Hobbykoch im Internet auf: »Immer ein Stück Brot mitkochen, wenn man eine Erbsensuppe kocht. Dann sinken die Erbsen nicht zu Boden und können nicht anbrennen.« Und so weiter. (Da ich engagierte Hobbyköche nicht bloßstellen möchte, recherchieren Sie bitte selbst mit dem Suchbegriff »Brot mitkochen« und lassen Sie sich überraschen.)

Mein Rat an dieser Stelle lautet: Glauben Sie allen Zauberern, die Ihnen so etwas erzählen, kein Wort!

C

Chicorée muss man in kochendem Wasser blanchieren

Der Vorgang soll eine halbe bis eine Minute dauern. Einem alten Aberglauben zufolge verliert Chicorée bei dieser Prozedur seine Bitterstoffe. Was dabei wirklich passiert, ist Folgendes: Der Chicorée wird matschig und die Bitterstoffe bleiben. Ihr Vorhandensein trotz richtig ausgeführten Rituals wird von Koch oder Köchin auf die ungewöhnlich vielen Bitterstoffe in gerade dieser Lieferung zurückgeführt. Sie selbst haben mit ihrem vorschriftsmäßigen Blanchieren alles richtig gemacht. Andere Chicoréeexperten – sie schließen sich zu Zirkeln zusammen und beraten in der »Arbeitsgemeinschaft deutscher Chicoréeproduzenten« und im »europäischen Chicoréerat« für eine stärkere Vermarktung und artgerechte Zubereitung des Bittergenusses – behaupten, gerade durch das Überbrühen würden die Bitterstoffe verstärkt, und raten, wie Richard Olney, deshalb davon ab.[34] Die empfohlenen Koch- bzw. Schmorzeiten liegen zwischen einer und 60 Minuten. Chicorée ist seeeeeehr tolerant!

Chicorée wird auch Schikoree geschrieben oder auch Salatzichorie genannt. Weitere Namen sind: Bleich- oder Treibzichorie, Brüsseler Endivie, Brüsseler Salat, Cichorium intybus var. foliosum, Witloof Chicory, Bruessels Chicory, Endive, Chicorée Witloof, Chicorée de Bruxelles. Mit weiteren regionalen Benennungen ist zu rechnen. In Belgien heißt die Pflanze, die ausschließlich als Gemüse, das heißt erhitzt wird, verspeist wird, Endivien oder Witloof. Endivien dagegen heißen Chicorée. Klingt irgendwie logisch. Die nationale Vertauschung ist nicht völlig abwegig, weil beide Gewächse der Gattung der Wegwarten (Cichorium) angehören. In Belgien hat man auch ein ganz besonderes Verhältnis zum Chicorée, denn 1846 zog Franciscus Bresier, Chefgartenbauer am Botanischen Garten in Brüssel, die ersten Chicorée. Ihr weißes Laub (wit loof) entsteht durch Lichtentzug beim Austreiben aus der Zichorienwurzel. Man erreicht es entweder durch Abdecken mit Sand oder heute durch Treiben in erdelosen Kunststoffkisten in absolut dunklen Räumen. Im Witloof-Museum im belgischen Kampenhout kann man sich das ganz genau erklären lassen. Der Lichtentzug verhindert die Bildung des Farbstoffs Chlorophyll und verringert die Bildung des Bitterstoffs Intybin. Trotzdem entstehen auch in dem absolut lichtlos getriebenen zapfenförmigen Blätterbündel gewisse Mengen an Intybin. Durch kurzes Blanchieren oder Übergießen mit kochendem Wasser lassen die sich aber nicht neutralisieren. Eine andere Methode, die Bitterstoffe zu entziehen, soll darin bestehen, mit einem spitzen Messer am Wurzelansatz einen möglichst tiefen, kegelförmigen Kern herauszuschneiden. Aber auch das bringt keinen Erfolg: Der Chicorée bleibt bitter. Dem echten Witloof-Genießer ist das aber völlig egal – ihm kann das mit heller Sauce servierte Gemüse sowieso nicht bitter genug sein.

Cola löst ein Stück Fleisch über Nacht auf

Nein, nein, nein! Hat Cola nie getan, tut Cola nicht und wird Cola auch nie tun. Die Behauptung ist auch schon wenigstens so oft widerlegt wie behauptet worden. In ein ordentliches Irrtumslexikon gehört sie aber trotzdem hinein. Wie konnte es eigentlich zu dem Gerücht kommen?

Angeblich wurde es in Amerika in den 1950er Jahren von Konkurrenzunternehmen des Coca-Cola-Konzerns in die Welt gesetzt, um dessen Erfolg zu bremsen. Allein das klingt schon wieder schwer nach einer »urban legend«. Wie es bei starken Geschichten zu erwarten war, hielt es sich auch, nachdem in den frühen 1960er Jahren entsprechende wissenschaftliche Analysen längst das Gegenteil bewiesen.[37] Interessant wäre es, einmal der Quelle der Falschmeldung auf den Grund zu gehen. Wer könnte ein Interesse daran haben, eine derart abstruse Horrorgeschichte zu erfinden und in Umlauf zu bringen? Leider lassen sich Gerüchte aber nie auf ihre Quelle zurückverfolgen. Pollmer/Warmuth nennen »ein Koordinationsbüro aus Brauern, Winzern und Limonadenabfüllern«, das dieses Gerücht in den 1950er Jahren in Umlauf gebracht habe. Falls dies stimmen sollte, hätten wir einen Fall von außerordentlich erfolgreichem Lobbying vorliegen. Das Klima, in dem Gerüchte wie dieses gedeihen, lässt sich durchaus beschreiben. Es ist von einer diffusen Furcht vor Konzernen und vor den Manipulationen der Mächtigen geprägt. Das parallele Märchen von der angeblich geheimen Formel dieser Limonade trug sicher auch seinen Teil dazu bei.

Plausibler erscheint mir die psychologische Herleitung: Cola enthält Phosphorsäure. Chemiker beschreiben diesen Stoff als H_3PO_4, Lebensmitteltechniker als E 338. Beide Begriffe, sowohl »Phosphor« als auch »Säure«, lösen bei vielen Menschen bestimmte Assoziationen aus. An Phosphor habe ich zum Beispiel eine spektakuläre Erinnerung aus dem Chemieunterricht. Unsere Lehrerin schnitt unter ständiger Beteuerung, wie gefährlich das sei und dass dies »eigentlich« nur unter Wasser gemacht werden dürfe, von einem großen Klotz Phosphor ein kleines Stück ab. Dazu verwendete sie ein stumpfes (!) Messer. Der kleine und der große Klotz fingen natürlich Feuer, es gab ein großes Hallo und für die ganze Klasse einen Tag schulfrei wegen möglicher Vergiftung.

Auch Säuren sind »etwas Gefährliches«, zum Beispiel

Salzsäure. Nichts naheliegender, als einen Kurzschluss herzustellen und Cola für gefährlich auszugeben. Phosphorsäure ist natürlich *kein* Phosphor und Säuren sind in der Küche unverzichtbar. Mittlerweile glauben auch nicht einmal die kleinsten Kinder mehr, dass Cola die Magenwände angreift. Ersparen Sie sich den zwangsläufigen Autoritätsverlust, indem Sie Ihren Kindern dieses Märchen gar nicht erst auftischen. Spätestens wenn sie zur Schule gehen, werden sie Sie fragen, wie das denn gehen solle bei einem pH-Wert von + 2,9, während der ganze Magen voller Salzsäure sei, pH-Wert zwischen 1,0 und 1,5, habe die Lehrerin gesagt. Mit »Hab ich so gelernt« kommen Sie dann nicht mehr aus der Bredouille und mit »Schlaumeier« schon gar nicht.

Cola ist in dieser Hinsicht sogar dermaßen unschädlich, dass sie nicht einmal zum Marinieren verwendet werden kann (siehe auch »Essig ist nicht die beste Marinade für Fleisch«).

Phosphorsäure ist übrigens in vielen Lebensmitteln enthalten, in Cola fast am wenigsten. Hier die jeweils zugelassenen Höchstmengen:

Sportlergetränke (max. 0,5 g/l)
Erfrischungsgetränke, insbesondere Cola-Getränke (max. 0,7 g/l)
Milchgetränke (je nach Fettgehalt max. 1–1,5 g/kg)
Milchpulver (max. 2,5 g/kg)
Schlagsahne und Sahneerzeugnisse (max. 5 g/kg)
Kaffeeweißer (max. 30 g/kg)[38]

E

Edelstahl rostfrei ist rostfrei

Schön wär's! Haben Sie auch Töpfe, auf deren Böden weiße Flecken sind, die nie wieder weggehen? Sie scheuern und wischen und kratzen und machen damit alles nur noch schlimmer. Was Sie dort sehen, sind nämlich keine Ablagerungen, sondern Löcher! Sie entstehen durch Salz, das den Stahl tatsächlich angreift. Gilt das auch für den als »rostfrei« bezeichneten Edelstahl? Ja! Edelstahl ist nämlich nur ein etwas edlerer Stahl und »rostfrei« bedeutet keineswegs »rostfrei«, sondern allenfalls »weniger stark korrodierend«. Unter dem Begriff »Edelstahl rostfrei« werden über 120 Stahlsorten geführt. Im Oktober 1912 ließ sich die Friedrich Krupp AG Essen die »Herstellung von Gegenständen, die hohe Widerstandskraft gegen Korrosion erfordern« patentieren. Vor allem die chemische Industrie verlangte nach widerstandsfähigen Materialien. Erst zehn Jahre später ließ Krupp den Markennamen Nirosta (nichtrostender Stahl) eintragen. Seitdem sind diese Stähle immer weiter entwickelt worden, ohne – was in der Natur der Sache liegt – wirklich »rostfrei« zu sein.

Zwei Kriterien müssen diese Stähle erfüllen: Sie müssen aus einer Legierung von wenigstens 10,5 Prozent Chrom bestehen und sie müssen ohne Schutzüberzug weitgehend beständig gegen Korrosion sein. Das schaffen diese Edelstähle durch Bildung einer Passivschicht. Die Passivschicht schützt den Edelstahl gegen Korrosion, indem edlere Legierungsbestandteile (Chrom) eine möglichst geschlossene Oberflächenschicht bilden. Diese Passivschicht bildet sich nach einem Kratzer wieder aus. Mir erscheint das wie Zauberei, aber es ist reine Chemie. Gängige Markenbezeichnungen sind z. B. Cromargan (wegen des hohen Chromanteils), V2A (Versuchsschmelze 2 Austenit, benannt nach Sir William Chandler Roberts-Austen), V4A, Nirosta, Remanit oder Inox (Abkürzung für das Französische »inoxydable«). Trotz dieser Passivschicht sind Kochgeräte aus Edelstahl nicht unzerstörbar. Eine Herstellerfirma für Edelstahl-Kochgeräte teilt in ihrem neuesten Prospekt zum Thema »Lochfraß« oder »Lochkorrosion« mit: »Ein Schwachpunkt vieler rostfreier Stähle ist die Neigung zur Bildung örtlicher Angriffe durch Halogensalze (Salze von Chlor, Fluor, Brom und Jod, z. B. Chloride). Aus physikalischen Gründen wächst der Angriff üblicherweise in die Materialtiefe. Das Resultat ist ein kleines Loch, das zunächst nicht mit dem bloßen Auge zu erkennen ist. Mit der Zeit ist der Schaden auch sichtbar. Man spricht bei dieser Korrosionsform von Lochfraß. Die Voraussetzung von Lochfraß ist, dass der Stahl mit einer Flüssigkeit in Berührung kommt, die z. B. Chloridionen beinhaltet und gleichzeitig ein Oxidationsmittel enthält wie gelösten Luftsauerstoff. Da es sich bei Kochsalz, Pökelsalz und Salzlösungen um genau ein solches Chlorid, nämlich Natriumchlorid handelt, kann Edelstahl rostfrei, besonders in hohen Konzentrationen und in Verbindung mit Feuchtigkeit, angegriffen werden und Schaden am Produkt entstehen. Tipp: Beim Kochen von z. B. Nudeln das Salz erst dem schon kochenden Wasser zufügen und dabei etwas umrühren. Damit verhindern Sie, dass sich Salzkristalle am Boden absetzen. Außerdem sollten Sie stark salzhaltige Speisen nicht über einen längeren Zeitraum in Edelstahlbehältnissen aufbewahren.«[39]

Salzkristalle setzen sich in kochendem Wasser natürlich nicht am Boden ab. Trotzdem schont man seine Töpfe, wenn man sie möglichst kurz Salzwasser aussetzt.[40]

Spülmaschinen attackieren die Oberfläche von Töpfen allerdings wesentlich stärker als Salzwasser beim Kochen. Wenn Sie ganz sicher sein wollen, dass Ihr Topf keinen Schaden nimmt, schaffen Sie sich einen aus einer Chrom-Molybdän-Legierung an. Unter dem Markennamen »Hastelloy« werden diese Edel-Edel-Gefäße für Salzschmelzen und Atomkraftwerke hergestellt.

Eierkochen ist ganz einfach

Jeder kennt wohl den Frühstücksei-Sketch von Loriot:

Er: Wie lange hat das Ei denn gekocht?
Sie: Zu viele Eier sind gar nicht gesund!
Er: Ich meine, wie lange dieses Ei gekocht hat ...?
Sie: Du willst es doch immer viereinhalb Minuten haben ...

Und etwas später:

Er: Ach! ... Und woher weißt du, wann das Ei gut ist?
Sie: Ich nehme es nach viereinhalb Minuten heraus, mein Gott!
Er: Nach der Uhr oder wie?
Sie: Nach Gefühl ... eine Hausfrau hat das im Gefühl ...

Der Sketch ist bekannt, das Problem auch, eine Lösung erst jetzt in Sicht – allerdings nur für die richtige Methode, ein perfektes Frühstücksei zu kochen, nicht aber für das aneinander Vorbeireden der Geschlechter. Schließlich kommt »Sie« zu dem Schluss »*Gott, was sind Männer primitiv!*« und »Er« zu dem Vorsatz »*Ich bringe sie um, morgen bringe ich sie um!*«

Das Gefühl trügt eine Hausfrau selten, beim Eierkochen aber fast immer. Natürlich ist auch das Ei, das »Sie« ihrem Mann serviert, hart. Wer hart gekochte Eier mag, kann diesen Eintrag getrost überschlagen. Wer hart gekochte Eier mag, so behaupte ich, der mag in Wirklichkeit überhaupt keine Eier. Er entledigt sich des Problems, ein delikat aromatisches Ei mit einer differenzierten Konsistenz zu kochen, dadurch, dass er das Ei so lange kocht, bis sein gesamter Inhalt hart geworden ist. Das ist nach spätestens zehn Minuten Kochen der Fall. Es ist die Methode der Faulen und der Feinde feiner Unterschiede.[41] Es ist die Methode, die Lebensmittelhygieniker für die sicherste halten. Es ist die Methode, die wir Kulinariker mit Nichtbeachtung strafen. Was sind noch einmal hart gekochte Eier?

Richtig gekochte Eier sind eine Delikatesse. Das Weiße ist fest, Biochemiker nennen es »vollständig koaguliert«, das Eigelb außen leicht gefestigt, innen flüssig, aber heiß. Dass das Eigelb keine 70 Grad erreicht hat, bei denen möglicherweise vorhandene Salmonellen abgetötet würden, nehmen wir Kulinariker in Kauf. Die Herstellung eines solchen Frühstückseis ist eine Kunst. Das wird deutlich, wenn man einmal auflistet, welche Faktoren ein Eiercomputer berücksichtigen müsste: Durchmesser eines Eis, Anzahl der Eier, Alter der Eier, Temperatur der Eier beim Start des Kochvorgangs, Menge des Wassers, Starttemperatur des Wassers, Geschwindigkeit der Wassererhitzung, Maximaltemperatur des Wassers (abhängig von der Höhe über NN), Kochzeit bei Maximaltemperatur, anschließende Kühlung in stehendem oder fließendem Wasser. Hausfrauen und Küchentüftler haben sich bisher damit herumgeschlagen, durch Einhalten der richtigen Kochzeit die gewünschte unterschiedliche Konsistenz im Ei zu erreichen. Wie Loriots Geschichte zeigt, mit wenig Erfolg.

Vor wenigen Jahren tauchte die Schlagzeile »Lösung für das perfekte Frühstücksei« in der Presse auf. Britische Forscher hatten das schwierige Rätsel der Eizubereitung angeblich gelöst. Eier wurden mit einer hitzeempfindlichen Tinte bedruckt. Die Abbildung sollte erst dann zum Vorschein kommen, wenn das Ei die richtige Konsistenz hätte. Drei Varianten von so markierten Eiern sollten auf den Markt kommen: hart, mittel, weich. Die deutsche Presse[42] berief sich auf »britische Presseberichte«. Britische Presseberichte dazu lassen sich nicht finden. Die Erfindung soll von der britischen Vermarktungsorganisation »Lion Quality« gemacht worden sein. Die Vermarktungsorganisation »British Lion eggs« gibt es tatsächlich.[43] Sie arbeitet zusammen mit dem »British Egg Information Service« (BEIS) und der »British Egg Products Association« (BEPA) sowie dem »British Egg Marketing Board: Research and Education Trust«.[44] Eiervermarktung scheint in England eine schwere Arbeit zu sein. »Lion Quality« erwähnt die beschriebene Stempelmethode auf seiner Internetseite heute nicht mehr, empfiehlt stattdessen die völlig sinnlose Zugabe von Salz, für den Fall, dass ein Ei platzen sollte.

Ich dachte mir: Es muss aber doch auch leichter gehen, ein perfektes Frühstücksei zuzubereiten – einfacher als mit einem Eiercomputer und stressfreier als mit der Zeitmethode und sicherer als mit einem Farbstempel. Bekannt ist, dass Eiklar bei etwa 63 Grad Celsius stockt. Eigelb braucht dagegen rund 68 Grad, damit es hart wird. Beim traditionellen Kochen von Eiern wird also mit maßlos überhöhten Temperaturen gearbeitet. Nur dadurch wird die Konsistenz der Frühstückseier so unkalkulierbar. Einziges Steuerungselement der Hausfrau ist bisher die Zeit. Das muss geändert werden.

»Eieruhren, Weißblech, decorirt, 8 cm hoch bzw. Ahorn, gedreht und poliert, 10 ½ cm hoch.« Ob aus Weißblech, Ahorn oder Nurglas, mechanisch, optisch oder elektronisch: Ohne Eieruhr klappt das Eierkochen nicht, auch nicht bei 64 Grad. Wir haben's ausprobiert.

Mit einem einigermaßen präzise anzeigenden Thermostat lässt sich siedendes Wasser bei einer Temperatur von knapp über 63 Grad halten. Die Kochzeit müsste dann weitgehend egal sein. 7 Minuten, 10 Minuten, vollkommen egal, wenn man es schafft, nicht über 67 Grad hinauszukommen.[45]

Den Versuch habe ich natürlich machen lassen, allein schon, um den Küchengeräteherstellern endlich die Produktion eines preiswerten Eierkochers nahezulegen. Anstatt im Laborbedarfshandel einen nicht ganz billigen Einhängethermostat zu kaufen, bat ich einen befreundeten Chemiker, acht Eier in diesem exakt temperierten Gerät zu kochen, jeweils gestartet in kaltem Wasser, bei 64 Grad, bei 70 Grad und bei 98 Grad. Der wichtigste Test sollte unter folgenden Voraussetzungen stattfinden: 64 Grad für 12 Minuten. Dabei hatte ich aber vergessen, dass der Temperaturverlauf bei diesen niedrigeren Temperaturen völlig anders ist als bei den üblichen 98 Grad. Der Austausch findet wesentlich langsamer statt, wenn man statt 98 Grad bloß 64 Grad in das Ei schickt, sodass mir der Chemiker empfahl, mittels Thermofühlern in den Eiern deren exakte Kerntemperatur zu messen. Ich war dankbar für diesen Hinweis und gespannt auf die Ergebnisse. Die Eier wurden also zuerst alle auf 4 Grad abgekühlt, um haushaltsübliche Bedingungen zu schaffen. Kein Mensch wärmt seine Eier vor dem Kochen auf Zimmertemperatur vor und jeder sollte das tunlichst auch lassen. 4 Grad ist also eine alltagsübliche Eier- weil Kühlschranktemperatur.

Der Test brachte ein Ergebnis, das meinen Chemikerfreund nicht zufriedenstellte. Es erwies sich zuerst das, was er befürchtet hatte: Die Wärme braucht ziemlich lang, um ins Innere des Eis zu gelangen. Noch unangenehmer für ihn als Naturwissenschaftler war es, dass die Kurven des Diagramms sich schnitten, was eigentlich nicht hätte passieren dürfen. Mein Freund führte das darauf zurück, dass sich die Thermofühler nicht während des gesamten Versuchs exakt in der Mitte der Eier befunden haben können. Hier die Ergebnisse des ersten Versuchs mit einer Erhitzung auf 64, 70 und 98 Grad.

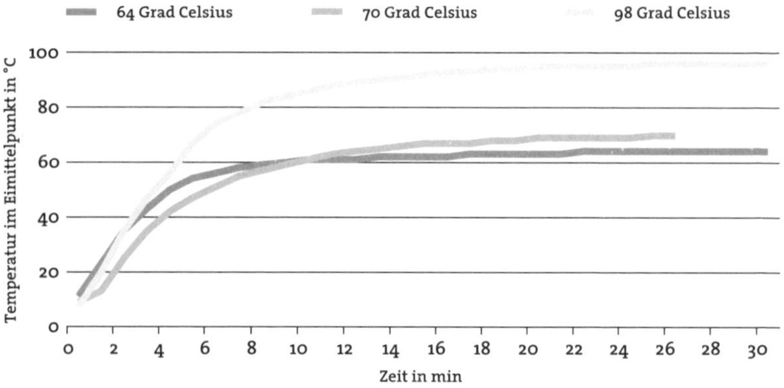

Bei 64 Grad blieb das Eigelb erwartungsgemäß flüssig, das Eiklar wurde allerdings auch nicht richtig hart. Bei 70 Grad war das Eiklar fest, das Eigelb wachsartig. Das bei 98 Grad gekochte Ei war natürlich in allen Teilen hart. Ein zweiter Versuch war nötig. Das Eigelb sollte schließlich nicht wachsartig sein, sondern weitgehend flüssig. Hier die Ergebnisse des zweiten Versuchs, bei dem ein Ei 60 Minuten lang auf 65 Grad erhitzt wurde: Das Eiklar war immer noch nicht hart. Nicht einmal bei 70 Grad wurde es richtig hart, obwohl es erwartungsgemäß durchaus koaguliert war.

Die Frustration brachte den Chemiker auf Ideen, die mir immer unheimlicher wurden. Er wollte mit Flüssigstickstoff im Inneren des Eis arbeiten, statt Temperaturfühlern Viskositätssonden einführen, Mikrowellen punktgenau justieren und das jeweilige Ei mit einem Industrieroboter in diesen Mikrowellen drehen lassen. Ich dankte ihm für seine Überlegungen und versprach ihm, es mir zu überlegen.[46] Mit meinen Überlegungen kam ich zu folgendem Schluss: Eierkochen ist ungeheuer kompliziert.

Eier kochen nicht aus, wenn man Essig ins Wasser gibt

Neben der falschen Konsistenz ist das Platzen der Eier ein ungelöstes Problem. Tipps, wie das zu verhindern ist bzw. zum Umgang mit Eiern, die bereits geplatzt sind, und wie man ein Austreten des Eiklars verhindern kann, haben schon ganze Partyrunden in Kampfarenen verwandelt. Die Frauenfachzeitschrift *Freundin* riet unlängst und offensichtlich ohne entsprechende Tests durchgeführt zu haben: »Auch ein Essigbad vorm Kochen verhindert Risse, weil die Schale flexibler wird.«[47] Wie lange man die Eier einlegen solle, wurde nicht empfohlen. Ob je eine Hausfrau dieser Empfehlung gefolgt ist? Richtig ist, dass sich das in der Eierschale enthaltene Kalziumcarbonat im Essig löst.

Hierzu ein beliebter Versuch aus dem Biologieunterricht (ohne Hintergrundinformationen wird dieser spektakuläre Versuch auch schon in Kindergärten durchgeführt): Ein Ei wird in ein Glas mit Essig gelegt. Sofort bilden sich kleine Bläschen aus Kohlendioxid, das aus der Kalkschale freigesetzt wird. Die Kohlensäure lässt das Ei zart taumeln. Nach etwa einer Stunde schwimmt, wenn man ein braunes Ei genommen hat, der braune Farbstoff in weißem Schaum an der Essigoberfläche. Das Ganze sieht sehr appetitlich nach einem guten Cappuccino aus, aber man sollte die Lösung keinesfalls zu sich nehmen. Die Eierschale löst sich auf. Sie wird dabei dünner und dünner. Nach spätestens zwölf Stunden ist die Schale vollständig aufgelöst. Nach einer Woche sieht der ehemalige »Cappuccinoschaum« schon nicht mehr so appetitlich aus, nach zwei Wochen ist er völlig eingetrocknet und klebt am Glasrand, nach drei Wochen hat meine Frau mir empfohlen, dem Versuch ein Ende zu setzen. Ich nahm das vollständig schalenlose Ei vorsichtig mit einem Löffel aus dem Essig, schnitt es in der Mitte durch und konnte feststellen: Tatsächlich, Eiklar und Eigelb waren fest geworden. Allerdings war das Eiklar nicht so fest, dass ich es hätte essen wollen. Seine Konsistenz entsprach etwa der des Eis, das nur auf 70 Grad erhitzt worden war.

Dehnt sich aber, um auf die Empfehlung gegen das Schalenplatzen zurückzukommen, eine mit Essig getränkte Eierschale aus und zieht sich beim Herausnehmen der Eier aus dem Wasser wieder schlagartig zusammen, sodass es keinem auffallen kann? Das tut sie nicht.

Die klassische Begründung, warum Essig dem Auskochen von Eiern entgegenwirken soll, geht anders: »Sollte ein Ei dennoch platzen, schnell einen kleinen Schuss Essig ins Wasser gießen. Das verhindert, dass das Eiweiß ausläuft«[48], empfiehlt eine Internetkochratgeberin, ohne einen möglichen Grund dafür zu nennen. Eine andere führt das auf »geänderte Druckverhältnisse« zurück.[49] Wie soll das funktionieren? Verändert Essig den Wasserdruck und wenn ja, wird er erhöht oder verringert? Verändert Essig den Gerinnungsfaktor des Eiklars? Nein. Essig senkt den pH-Wert des Wassers, es wird saurer. Dadurch gerinnt oder koaguliert das Eiklar schneller. Auch Hervé This-Benckhard hofft, so ein Austreten des Eiklars aus der Schale zu verhindern. Seine Begründung: »Ist Säure zugegen, dann stoßen sich die Proteine weniger ab. [...] Sollten sie aufplatzen, wird das Eiklar sofort gerinnen [...]«.[50] Stimmt das aber wirklich? Wir haben es ausprobiert und stellten fest: leider nein. Die Verringerung des pH-Werts führt nämlich keineswegs zu einer signifikant schnelleren Gerinnung des Eiklars bei den üblichen Kochzeiten von 4 bis 10 Minuten, geschweige denn zu einer sekundenschnellen Gerinnung, die bei einem geplatzten Ei nötig wäre.

Wir haben Eier mit kontrolliert zerbrochenen Eierschalen in kochendes, in anfangs kaltes, in anfangs kaltes und mit Essig versetztes und in kochendes und mit Essig versetztes Wasser gelegt. Auf ein Liter Wasser gaben wir einen Deziliter Essig. Das Einlegen in Essig führte lediglich dazu, dass die Eierschale dünner wurde und damit keinerlei stabilisierende Funktion mehr hatte. Eiklar und sogar Eigelb traten aus und ließen ein amorphes Gebilde im Topf schwimmen, das niemand gern auf einen Frühstückstisch bringen würde. Abgesehen von seiner Form wurde das Eiklar brüchig und das Eigelb mehlig zäh.

Eier kochen nicht aus, wenn man Salz und/oder Öl ins Wasser gibt

Auch Salz im Wasser soll die Gerinnung fördern. Also haben wir auch Eier mit kontrolliert zerbrochenen Eierschalen in kochendes, in anfangs kaltes, in anfangs kaltes und mit Salz versetztes und in kochendes und mit Salz versetztes Wasser gelegt. Auf ein Liter Wasser gaben wir 20 Gramm Salz. Salz erhöht bekanntlich den Siedepunkt von Wasser, allerdings so gering, dass sich das nicht auf die Kochzeiten oder die Gerinnung des Eiklars auswirkt. (Siehe dazu auch: »Nudeln dürfen nur in Salzwasser gekocht werden«.) Die besten Ergebnisse erbrachte ein in kaltem Wasser ohne jegliche Zusätze angesetztes zerbrochenes Ei.

Eine andere Kochratgeberin empfiehlt, außer Essig auch noch Öl hinzuzugeben[51], vergisst aber Pfeffer, Estragon und eine Prise Paprika, die gegen das Auskochen von Eiklar ähnlich wirkungslos sind.

Eier lassen sich leichter pellen, wenn sie kalt abgeschreckt werden

Das nächste Problem in puncto Eier: das Abschrecken. Abschrecken oder nicht abschrecken? Auch wegen dieser Frage gibt es Glaubenskriege. Beim Abschrecken, fand das Schweizer Bundesamt für Gesundheit heraus, können Bakterien durch die Schale ins Innere des Eis gelangen und sich dort vermehren, sodass »die verbreitete Praxis des Abschreckens hart gekochter Eier die Haltbarkeit stark reduziert«.[52] In einem Test wurden Eier nach zehnminütigem Kochen entweder ohne weitere Behandlung oder nach Abschrecken bei Raum- oder Kühltemperatur gelagert. Die bakterielle Untersuchung ergab: Nicht abgeschreckte gekochte Eier sind bei Raumtemperatur mindestens drei Monate haltbar, vielleicht sogar noch länger. Der Versuch endete nach 91 Tagen. Bei abgeschreckten Eiern ist die Haltbarkeit, also die Bakterienvermehrung, stark von der Lagertemperatur abhängig. Schon nach fünf Tagen wurde bei den in Raumtemperatur gelagerten abgeschreckten Eiern der Toleranzwert überschritten. Das Abschrecken nützt also (wie das vorherige Waschen, siehe unten) nichts, kann aber großen Schaden anrichten. Nur bei weich gekochten Eiern wäre ein Abschrecken damit zu begründen, dass man so ein Nachgaren verhindert.

Ob sich ein Ei gut oder schlecht pellen lässt, hat aber nichts mit dem Abschrecken zu tun. Die Schweizer kamen zu dem Schluss: »Die Schälbarkeit abgeschreckter und nicht abgeschreckter Eier erwies sich als gleichwertig.«[53] Es hängt vielmehr vom pH-Wert des Eiklars ab, ob sich die Schale gut löst. Nach dem Legen entweicht dem Ei Kohlendioxid. Der pH-Wert des Eiklars steigt dabei von 7 auf etwa 9 an. Ist der pH-Wert niedrig, klebt die Schale an der dünnen Haut zwischen Eiklar und Schale fest. Bei einem Test, den die Redaktion der Fernsehsendung *Kopfball* durchführte, stellte sich ebenfalls eindeutig heraus: Abschrecken führt nicht dazu, dass sich Eier besser pellen lassen.[54]Also kann man's auch gleich lassen.

Eier müssen gewaschen werden

Noch ein Eierthema: Eine Praxis, die bisher nur in Schweden betrieben wird, besteht darin, Eier vor dem Verkauf zu waschen. Eine Gruppe schwedischer Landfrauen, die ich darauf ansprach, bestätigte mit heftigem Kopfnicken, ja, das sei doch selbstverständlich, denn die Eier seien doch sonst schmutzig. Ich versuchte, sie darauf hinzuweisen, dass Eier eine natürliche Schutzschicht, die Kutikula haben, ein Häutchen von 5–10 µm (Mikrometer), das ein Eindringen von Schmutz verhindert und das durch das Waschen zerstört wird. Ungläubiges Kopfschütteln. Die schwedischen Landfrauen hatten noch nie eine Kutikula gesehen. Sie hielten mich für einen Spinner. Ich versuchte auch darauf hinzuweisen, dass der Verkauf von Eiern im übrigen Europa und wahrscheinlich in der ganzen Welt nicht aus Kühltheken, sondern aus ungekühlten Regalen erfolgt. Auch das fanden die schwedischen Landfrauen unhygienisch. Angeekeltes Naserümpfen.

Tatsächlich ist das Kühlen von Eiern in Schweden aber nur deshalb notwendig, weil die Eierschale durch das vorherige Waschen ihre Schutzschicht verloren hat. Beim Transport vom Geschäft nach Hause gibt es zumindest in den wenigen warmen Sommerwochen dort die Möglichkeit, dass Feuchtigkeit auf den kalten Eiern kondensiert und die Eierschale damit zu einem idealen Nährboden für Bakterien macht. Der schwedische Hygieneansatz ist so zwiespältig, dass sich die EFSA, die Europäische Behörde für Lebensmittelsicherheit, mit dem Thema befassen musste. In einem Gutachten des wissenschaftlichen Gremiums über die mikrobiologischen Risiken des Waschens von Tafeleiern[55] kam die Behörde zu dem Schluss, dass es nur der geringen Verbreitung von Salmonellen in Schweden zu danken ist, dass durch das Eierwaschen keine größere Vergiftungsgefahr gegeben ist als bei ungewaschenen Eiern im Rest der Welt. Vor- und Nachteile des Eierwaschens heben sich dort gegeneinander auf. Notwendig wäre es nicht und teuer ist es außerdem.

Eischnee lässt sich nicht aufschlagen, wenn ein Tropfen Eigelb dabei ist

Bei der Génoise, dem Genueser Biskuitteig, werden Eigelb und Eiklar zusammen mit Zucker zu einem Schaum aufgeschlagen.[56] Das dauert zwar zehn Minuten, aber danach hat sich das Volumen versechsfacht. Wie kann das gehen, wo doch in Deutschland und auch in England[57] und wahrscheinlich noch in einer ganzen Reihe anderer Länder gelehrt wird, dass auch nur ein Tropfen Eigelb das ganze Bemühen zunichte machen wird? »Eier sehr sorgfältig trennen und ganz besonders darauf achten, dass kein Eigelb ins Eiweiß gelangt. Sonst lässt es sich nicht mehr steif schlagen«, empfiehlt die *Brigitte*-Kochschule.[58] »Im Eiweiß dürfen keine Reste vom Eigelb oder anderen fettigen Substanzen kommen«, behauptet auch »Schneeklößchen«, das bei der Trennung von Dativ und Akkusativ nicht ganz so pingelig ist.[59] Hervé This-Benckhard weiß wenigstens, was beim Schlagen der Eimasse zu Eischnee wirklich passiert. »Das Eigelb enthält kleine grenzflächenaktive Moleküle, die sich mit den Proteinen des Eiklars verbinden und ihre Vernetzung erschweren, sodass die Trennschicht zwischen Wasser und Luft geschwächt wird.«[60] Eigelb enthält Cholesterin.[61] Der relativ hohe Fettanteil des Eigelbs könnte den Schaum zusammenfallen oder gar nicht erst entstehen lassen. Emulgatoren, so heißt es, störten durch Anlagerung an die Eiklarproteine deren Vernetzung. Einige Köche empfehlen deshalb sogar, bei Soufflés ganz auf die spätere Zugabe des zuvor getrennten Eigelbs zu verzichten.[62] Der Eischnee stürze dann angeblich zusammen und ein Soufflé gehe danach auch nicht richtig auf. Meine Tests mit und ohne Eigelb hatten andere Ergebnisse. Die Soufflés mit Eigelb gingen genauso auf wie die ohne, blieben genauso stabil. Sie schmeckten aber einfach cremiger, was ja aufgrund des fetten Eigelbs kein Wunder ist. Die Erklärung: Eigelb, das dem Eischaum zugesetzt wird, zerstört diesen nicht wieder. »Der Platz für die Fette ist schon besetzt.«[63]

Ein altes Hausmittel empfiehlt, dem zu schlagenden Eiklar einen Spritzer Zitronensaft hinzuzufügen, falls beim Trennen der Eier etwas Eigelb ins Eiklar gelangt ist. Das Eiklar werde außerdem schneller steif, wenn man ihm eine Prise Salz gönne. Da ich keine physikalische Erklärung dafür finden konnte, habe ich wenigstens einen Praxistest gemacht. Ich habe Eischnee mit und ohne Prise Salz geschlagen. Ergebnis: Beide Versionen wurden gleich schnell gleich steif.

Ich habe Eischnee in einer fettigen Schüssel geschlagen, wobei angeblich nie und nimmer ein schöner fester Schaum entstehen kann. Ergebnis: ein schöner fester Schaum. Ich habe Eischnee aus drei Eiklar und einem Eigelb geschlagen, was total, überhaupt, ganz und gar unmöglich sein soll. Ergebnis: ein Eischnee mit einem schönen Gelbton, der nur gering instabiler war als ein aus reinem Eiklar geschlagener Schnee. Erst als ich das zweite und das dritte Eigelb unterhob, wurde der Schaum noch etwas weniger stabil. Ich habe das Ganze dann in der Pfanne zusammen mit vorher angerösteten Speckstückchen gebacken und damit die Grundversion der

»Schneeschläger, Draht, fein verzinnt, mit polirtem Holzstiel.« Keine Angst: Eischnee wird auch steif, wenn etwas Eigelb dabei ist.

Quiche Lorraine nochmals erfunden. Weil Crème fraîche oder saure Sahne fehlten, war diese Pseudo-Quiche zwar schön locker oder, wie es ein bekannter Fernsehkoch ausdrücken würde, »fluffig«, allerdings etwas trocken.

Eischnee lässt sich in Kupferschüsseln leichter aufschlagen

»Ja, das ist wahr«, sagen erfahrene Konditoren, »in einer Kupferschüssel klappt das Aufschlagen von Eischnee einfach besser.« Warum das so ist, wissen sie nicht. Es habe, vermuten sie, mit der hervorragenden Wärmeleitfähigkeit des Materials zu tun. Welche Wärme wohin geleitet werden muss, ist dann aber schon eine Frage, die Sie den erfahrenen Konditoren besser nicht stellen. Vor allem verbietet sich die Frage dann, wenn der Konditor Ihnen zuvor erklärt hat, dass der Eischnee bei Zimmertemperatur zu schlagen sei. Zimmertemperatur bedeutet in Mitteleuropa nämlich 16 bis 20 Grad und wie Sie ein aus dem Kühlschrank genommenes Ei auf 16 Grad aufheizen, fragen Sie besser auch nicht (und schon gar nicht, warum der Konditor seine Eier bei salmonellenfreundlicher Zimmertemperatur lagert). Das tut er natürlich nicht, aber bringen Sie ihn bitte nicht in Verlegenheit, zu entscheiden, an welcher Behauptung er mehr hängt. Selbst This-Benckhard glaubt, Eischnee könne am besten in einem Kupfergefäß aufgeschlagen werden.[64] Eischnee bleibt auf jeden Fall ein heißes Eisen: Ein Versandhaus für »die guten Dinge« bewirbt seine Kupferschüssel so: »Die mechanische Bewegung beim Schlagen verändert die Struktur der Conalbumin-Proteine im Eiweiß, Kupferionen stabilisieren dieselben – und so kommt es zu haltbarem Eischnee (bei gleichzeitiger Minimierung der Gefahr des ›Überschlagens‹, bei der die Proteine koagulieren und zusammenklumpen).«[65]

Ich bin nicht sicher, dass diese Erklärung eines alten Brauchs zutrifft. Andererseits habe ich noch nie, wie offensichtlich Peter Barham, Schwierigkeiten gehabt, mit einem elektrischen Quirl Eischnee zu schlagen.[66] Das Eiklar wird einfach immer schön steif, egal, in welchem Material ich es schlage: Plastik, Keramik, Glas, Edelstahl, es ist wirklich vollkommen egal.

Essig ist nicht die beste Marinade für Fleisch

Die molekulare Gastronomie hat in den letzten Jahren einige neue Techniken erfunden. Sie hat aber auch alte Zubereitungstechniken wiederbelebt, wie das Impfen von Fleisch mit Ananassaft. Die Technik soll von Azteken entwickelt worden sein. Man legt Fleisch einige Tage in Ananassaft ein. Und es stimmt: Ananassaft macht Fleisch mürbe. Durch Einlegen oder Impfen mit einer simplen Spritze werden die Kollagen-Verbindungen aufgelöst und das Fleisch nach kurzer Garzeit genießbar.[67] Das ist eine Form des Marinierens.

Was wohl nicht stimmt, ist die Behauptung, für die mürbemachende Wirkung sei einfach die Säure der Ananasfrucht verantwortlich. Wirksam ist vor allem das im Ananassaft enthaltene Enzym Bromelain. Es wird auch behauptet, dass Enzyme aus Feigen (Ficin) und Papaya (Papain) als Fleischzartmacher wirksam seien. Wenn sie aber, was ihre übliche Verwendung ist, bloß mit einem Zartmachersalz aufs Fleisch gestreut werden, machen sie nur dessen Oberfläche zart. Bei einem Steak, geschweige denn bei einem Braten hilft das wenig.

Die Funktion von Enzymen ist die eines Katalysators. Prinzipiell handelt es sich bei Enzymen um Proteine, Eiweiße. Sie sind bei Stoffwechselvorgängen aller Lebewesen beteiligt. In einem Lehrfilm konnte ich in der Schule genau sehen, wie ein Enzym, nachdem es sich vorgestellt und dabei einen Zylinder gezogen hatte, an seine Arbeit ging. Es fischte Bausteine der Nahrung aus der Blutbahn und ordnete sie ihren Bestimmungsorten zu. Ohne Enzyme, hieß es in diesem Lehrfilm, wüssten die Bausteine des Lebens nicht, wo sie hingehören. Ich fand diese Erläuterung verständlich und ausreichend. Ich fragte vorsichtshalber unsere Biologielehrerin nicht, woher das Enzym wisse, welche Bausteine es wo einzuordnen hat.

Mit dieser Schulweisheit im Hinterkopf hörte ich von einem Experiment, bei dem mittels Enzymen eine Wirkung in Fleisch herbeigeführt worden sei. Der in Oxford lehrende Physiker Nicholas Kurti hatte 1969 erstmals bzw. erstmals unter wissenschaftlichen Bedingungen ein Experiment mit Ananassaft unternommen. Er spritzte den Saft mit einer handelsüblichen Injektionsspritze ins Fleisch und stellte fest, dass es im Vergleich zu Fleisch, das nicht »geimpft« war, wesentlich schneller gar wurde. Außerdem hatte das Fleisch einen interessanten Ananasgeschmack.

Für mich ergaben sich daraus zwei Fragen:

1. Ist es tatsächlich notwendig, den Saft ins Fleisch hineinzuspritzen?

2. Sind es tatsächlich die Enzyme im Ananassaft, die das Fleisch mürbe machen? Enzyme sind nicht nur in lebenden Zellen aktiv. Auch in abgestorbenen Zellen bewirken und unterstützen sie biochemische Vorgänge. Die Wirkung dieser Stoffe – Bromelain bei der Ananas und Papain bei der Papaya – soll »protolytisch« sein, das heißt, sie sollen Proteine »abbauen«. Kollagen ist das bindende Protein im Fleisch. Es geht also darum, dieses Kollagen zu zerstören. Normalerweise geschieht das durch Hitze. Kurti hat seinen Test mit einem von Ananassaft durchtränkten und einem normalen, »ungeimpften« Braten gemacht und kam zu dem Ergebnis, dass der geimpfte zarter war. Es hat uns interessiert, ob andere Säure, etwa Apfelsäure, die einen pH-Wert von +4,1 bis +3,5 hat, eine ähnliche oder die gleiche Wirkung haben würden wie Ananassaft mit seinem schwächeren pH-Wert von +4,6.[68]

Cola, die mit ihrem pH-Wert von immerhin +2,9 ja angeblich ein Stück Fleisch innerhalb einer Nacht »zersetzt«, müsste ebenfalls zum Marinieren geeignet sein. (Siehe dazu auch: »Cola löst ein Stück Fleisch über Nacht auf«.) Ja, Cola löst auch Rost. Na und? Das ist doch gut, wenn man nach Jahren mal wieder den Wagenheber benutzen muss oder sich endlich aufgerafft hat, das alte

Fahrrad wieder fahrtüchtig zu machen. Der Wirkstoff in Cola ist Phosphorsäure. Um schlimmen Befürchtungen vorzubeugen: Dieselbe Wirkung hat Cola auf die Magenschleimhaut *nicht*. Magenschleimhaut reagiert auf so eine läppische Lösung wie Cola einfach gar nicht. Magenschleimhaut ist für stärkere Sachen ausgelegt, nämlich für Salzsäure (pH-Wert +1 bis +1,5). Saurer Essig (pH-Wert +2,9) und Zitronensäure (pH-Wert +2,4) sind zum Marinieren deshalb auch viel besser geeignet.

Wir haben nun einen Test mit folgendem Versuchsaufbau gemacht: Ein Stück Rindfleisch wurde in vier Teile zerlegt, von denen wir eines mit Essig marinierten (pH-Wert +2,9), eines mit Ananassaft (pH-Wert +4,6), eines mit Apfelsaft (Granny Smith, pH-Wert +4,1) und eines mit Cola (pH-Wert +2,9) »impften«. Nach 24 Stunden war noch keine Änderung am Fleisch erkennbar, nach 48 Stunden wurde es weicher, nach 72 Stunden war es noch immer roh, aber sehr, sehr weich. Das Ergebnis nach dem Anbraten: Das mit Essig geimpfte Fleisch behielt seine Struktur weitgehend bei. Es war gut durchgegart, hatte trotzdem noch einen festen Biss und war vor allem noch als Fleisch zu erkennen. Anders beim Steak, das mit frischem Ananassaft geimpft wurde. Es war zwar zart, der Geschmack aber sehr gewöhnungsbedürftig. Nach kurzer Zeit des Garens war es eigentlich nicht wesentlich mehr als »genießbar«. Cola und Apfelsaft (von einem selbstzerstampften Apfel, pH-Wert +4,1) führten auch nach vier Tagen Marinierens zu keinerlei Veränderung. Wie unsere Tests zeigten, kam es trotz der kollagenzersetzenden Eigenschaft von Ananas (oder auch Papaya oder Feigen) nie zu einem geschmacklich befriedigenden Ergebnis.

F

Fernsehkochshows regen zum Kochen an

LaferLichterMälzer, BiolekPolettoSchuhbeck, WienerZacherlSass. Habe ich jemanden vergessen? Würde noch jemand gerne in dieser Reihe genannt werden?

Durch die Flut der Fernsehkochshows haben viele Menschen den Eindruck, es habe sich eine neue Zivilisation des anspruchsvollen Kochens entwickelt. Mehr Information, mehr kreative Zusammenstellungen erreichen mehr Menschen. Die Hoffnung (ist es wirklich eine Hoffnung und wenn ja, wer hofft das?), die Tricks, Kniffe und Ideen der Profis würden sich zumindest teilweise in der Alltagsküche privater Haushalte niederschlagen, ist weit verbreitet. Die Wirklichkeit des europäischen Küchenalltags hat mit den Unterhaltungsshows rund um die Zubereitung von Essen aber nichts gemeinsam. Von Kochclowns lässt sich nichts lernen. Manche Menschen wenden ein, dass sie aber schon gelegentlich das eine oder andere Rezept ausprobiert haben oder – wenn man genauer nachfragt – gerne ausprobiert hätten. Auch diesen oder jenen Trick oder eine kühne Speisenkombination aus dem Fernsehen hat manch einer schon einmal angewendet. Das zählt aber nicht. Es sind Ausnahmen, das kann ich beweisen.

Menschen, die den Fernsehköchen wirklich nacheifern, gehen, wie diese, zum »Metzger ihres Vertrauens«. Sie besorgen sich dort Qualitätsfleisch und werden dabei eingehend beraten. 95 Prozent aller Fleischkäufer tun das nicht. 95 Prozent aller Fleischkäufer gehen in einen Supermarkt und kaufen vorverpacktes Fleisch. 95 Prozent aller Fleischkäufer sind ihrerseits bloß vier Prozent aller Deutschen, die überhaupt täglich für sich und ihre Lieben kochen. fünf Prozent von vier Prozent, das sind gerade einmal 0,2 Prozent. So viel zum Fleisch.

Außerdem könnte es sein, aber das ist schon wesentlich unwahrscheinlicher, dass Ihnen jemand erzählt, er kaufe Gemüse und Früchte immer frisch ein, am liebsten auf dem Markt, da sei es immer frischer. Mit dieser Behauptung wird der- oder diejenige viele Profis im Ernährungs- und Gesundheitswesen erfreuen, seien es Ernährungsberater, Ärzte oder Politiker. Nehmen wir an, dass es bei den Immerfrischfleischkäufern und den Immerfrischgemüsekäufern eine große Schnittmenge gibt. Trotzdem würde ich – auch ohne konkreten Beweis – aus reiner Logik gerne ein Prozent abziehen. Tiefkühlkost, Halbfertiggerichte und Konserven sind einfach zu attraktiv, als dass sich ein normaler Mensch ihrem Reiz immer und überall entziehen könnte. Das eine Prozent ist natürlich schon von den fünf Prozent abzuziehen. Deshalb rechnen wir stattdessen vier Prozent von vier Prozent und kommen statt auf 0,2 Prozent auf 0,16 Prozent. Das sind die Frischfleisch-Frischgemüse-Zubereiter. Menschen geben, zu ihrem Verhalten befragt, nicht an, wie sie sich verhalten, sondern wie sie sich verhalten *möchten*.

»Conservenbüchsenöffer, Eisenguß broncirt, polirt, Holzheft.« Wenn ein Fernsehkoch Ihnen wieder einmal so richtig Lust aufs Kochen gemacht hat, öffnen Sie einfach eine Dose und bereiten sich und Ihren Lieben eine leckere Mahlzeit. Das ist immer noch besser, als überhaupt nicht zu kochen.

Den Beweis für diese erstaunlich geringe Zahl von Frischkochern, also derer, die den Empfehlungen der Fernsehköche folgen, liefern die Umsatzzahlen. Neben Discountern, SB-Warenhäusern, Verbrauchermärkten, Supermärkten und Warenhäusern verbleiben inklusive Bäckereien elf Prozent Geschäfte im Lebensmitteleinzelhandel unter 400 Quadratmeter Verkaufsfläche.[69] Die Behauptung, Fernsehkochshows trügen zur Bildung und zur Verbreitung eines anspruchsvollen Selberkochens mit frischen Lebensmitteln bei, ist also falsch. Den Showköchen ist das nicht vorzuwerfen. Niemand würde erwarten, dass Spitzensportler und Zirkusakrobaten etwas gegen den notorischen Bewegungsmangel der meisten Menschen ausrichten könnten. Wohl aber behaupte ich, dass die Kochakrobaten eine ähnliche Kompensationsfunktion haben wie Sportprofis und Zirkuskünstler. Was die können, kriegt ein normaler Mensch niemals hin, er kann sich aber gut vorstellen, wie wunderbar es aussehen könnte, wenn er es denn einmal versuchen würde.

Fett muss von Soßen und Suppen abgeschöpft werden

Jahrhundertelang war es eine der vielen Aufgaben von Hausfrauen, ihre Familien zu sättigen. Die wenigsten hatten immer genug zu essen. Essen verderben zu lassen war eine Sünde und wertvolle Nährstoffe einfach wegzuwerfen kam überhaupt nicht in Frage. Der am stärksten sättigende Nahrungsbestandteil ist Fett. Der größte Teil der Menschen, das heißt arme Menschen, hätten Fett, das beim Kochen aus Fleisch und Knochen austritt, niemals von ihrer Suppe oder Soße abgeschöpft, geschweige denn mit einem Papiervlies aufgesaugt und weggeworfen, sondern es untergerührt. Trotzdem steht in fast allen Kochbüchern bis heute, dass »überschüssiges« oder störendes Fett abzuschöpfen sei. Allein diese Beobachtung zeigt, welchen Hintergrund Kochbücher haben. Sie entstanden im 19. Jahrhundert als Anleitung für Köchinnen in großbürgerlichen Haushalten. Dort gab es immer genug zu essen, immer genug Fett und deshalb auch schon damals die Notwendigkeit, Kalorien zu reduzieren. Sich selbst und ihre Familien ernährten die Köchinnen von den Resten der großbürgerlichen Küche. Unter diesen Umständen war das Abschöpfen des wertvollen Fetts von Suppen und Soßen vielleicht nichts anderes als eine kochtechnisch legitimierte Beschaffung der notwendigen Kalorien für die eigene Familie.

In Zeiten ausreichender Kalorienversorgung wird das Fettabschöpfen dagegen mit Schlankheitsdiäten begründet. Die eingängige These »Fett macht fett« konnte zwar nie belegt werden, die Vermeidung fetter Speisen beruhigt die Gemüter aber trotzdem.

Eine der Methoden, Fett abzuschöpfen, besteht darin, Küchenkrepp auf die Oberfläche der Suppe oder Soße zu legen. Das saugfähige Papier nimmt das Fett auf und kann anschließend abgenommen werden. Es ist dann aber für den Verzehr nicht mehr geeignet (das Fett nicht und das Papier sowieso nicht).

Einfacher ist es, wenn die Flüssigkeit zwischenzeitlich abkühlen kann. Das Fett erhärtet an der Oberfläche und kann dann leicht mit einem Löffel abgenommen und später wieder verwendet werden. Bevor man einen Topf in den Kühlschrank stellt, muss er aber in einem Wasserbad vorgekühlt werden, sonst gönnen Sie den dort lebenden Bakterien für wenigstens eine Stunde eine schöne Verschnaufpause. Es gibt auch Spezialkannen, deren Ausguss am Boden der Kanne ansetzt und in denen das oben schwimmende Fett als Letztes in der Kanne verbleibt. Man nennt sie auch »Schwerkraftseparatoren«. Man kann auch die Oberfläche einer Suppe oder Soße mit einem sogenannten Fettpinsel bearbeiten. Durch Kapillarwirkung sollen am Pinsel vorwiegend die Fetttröpfchen hängen bleiben. Das funktioniert nicht oder nur so schwach, dass man's auch gleich lassen kann. Außerdem konnte mir noch niemand sagen, wohin mit dem fetttriefenden Plastikpinsel.

Die Erklärung für die Empfehlung, Fett abzuschöpfen, ist also leicht und hat nichts mit Chemie oder Physik zu tun, wohl aber mit den sozialen Umständen, unter denen Kochbücher geschrieben wurden und werden. Im Fett der Suppe oder der Soße sind allerdings viele Aromen gebunden und deshalb wäre es auch heute sinnvoll, das gesamte Fett in der Suppe zu belassen. Wer keine Fettaugen mag, kann sie mit einem Stabmixer so klein zerschlagen, dass sie in der Suppe nicht mehr erkennbar sind, wohl aber zu einem kräftigen »Mundgefühl« führen. (Das ist eine Empfindung, auf die besonders Designer von Fertigsuppen großen Wert legen.)

Heute gibt es aber kaum jemanden, der nicht um eine Kalorienbeschränkung bemüht ist. Die Tradition, Fett abzuschöpfen, hat in unserer Zeit eine neue Bedeutung erlangt.

Fischstäbchen werden aus Fischabfällen zusammengepresst

Kinder haben von gutem Essen angeblich keine Ahnung. Ihr Geschmacksempfinden sei, so wird immer wieder behauptet, noch nicht richtig entwickelt. Daher komme ihre Vorliebe für Pommes mit Ketchup und Fischstäbchen. Seltsam ist bloß, dass sie mit dieser Wahl drei der schmackhaftesten und höchstentwickelten Lebensmittel kombinieren. Die kleinen Gourmets sind aber so raffiniert, dass sie ihre Eltern glauben lassen, es handele sich um etwas ganz Primitives.

Das Gegenteil ist der Fall: Fischstäbchen, das wird viele wundern, werden aus Fischfilets gemacht. Die feinsten Stücke von Kabeljau und Dorsch, Seelachs und Seehecht sind für die künstlich wirkenden goldenen Barren gerade gut genug. In den ersten Jahren nach der Erfindung der Fischstäbchen 1959 wurden sogar Heringsfilets verwendet. Überfischung beim Kabeljau, für den 1994 von der

EU Fangquoten festgelegt wurden, haben die drei anderen Fischarten zur bevorzugten Grundmasse für Fischstäbchen werden lassen. Den Hauptverzehrern von Fischstäbchen ist das egal. Kinder essen ohnehin die Panade lieber als den darin enthaltenen Fisch. Einen Fisch, der auch noch wie ein Fisch aussieht, braucht man ihnen normalerweise gar nicht erst aufzutischen. Kinder essen Fischstäbchen vor allem deshalb so gerne, weil sie nicht nach Fisch aussehen und weil sie auch fast gar nicht nach Fisch schmecken. Fischstäbchen kommen immer frisch aus der Tiefkühltruhe und können keinen starken Fischgeruch entwickeln. Die Erinnerung an ein Lebewesen ist denkbar weit verdrängt. Eine versehentlich verbliebene feine Gräte kann bei Kindern schon zum Abbruch des ganzen Essens führen.

Mir ging das genauso. Meine Oma briet aus dem Rest der Panade, in der sie den frischen Rotbarsch schwenkte, einen kleinen Kuchen, der, weil er in derselben Pfanne wie der panierte Fisch ausgebacken wurde, ein leichtes Fischaroma hatte. Außerdem war er wesentlich knuspriger als die panierten Fischstücke. Deshalb habe ich dieses knusprige Küchlein immer besonders gerne gegessen und mir natürlich keine Gedanken um die fehlenden Eiweiße und Mineralstoffe gemacht. Hersteller von Fischstäbchen wissen das, nicht etwa, weil sie meine Oma kannten, sondern weil sie auf die Bedürfnisse ihrer Kunden eingehen müssen. Außerdem hat die Vorliebe der meist sehr jungen Endverbraucher den Vorteil, dass sich Fischstäbchen relativ preiswert herstellen und teuer verkaufen lassen. Sie dürfen bis zu 35 Prozent Panade enthalten. So steht es in den Leitsätzen des Deutschen Lebensmittelbuchs, das als Orientierungshilfe für Hersteller vom Bundesministerium für Ernährung, Landwirtschaft und Verbraucherschutz herausgegeben wird.

Wenn ein Hersteller den Panadeanteil wesentlich erhöht – es soll Fälle von bis zu 47 Prozent Panade gegeben haben –, wird das von Verbraucherschutzinstitutionen zu Recht abgemahnt.[70] Der Fisch, den meine Oma panierte, war sicher von noch mehr Panade umgeben und schmeckte deshalb auch noch leckerer. Als Fischstäbchen 1963 erstmals in Deutschland in den Handel kamen, sollen sie tatsächlich teilweise aus zerkleinerten Fischstücken bestanden haben. Was hygienisch und nahrungstechnisch unproblematisch war, erschien Verbrauchern trotzdem als bedenklich. Die Hersteller stellten auf reine Fischfilets um und knabbern bis heute am schlechten Image ihrer Edelspeise.[71]

Wenn Sie wirklich Fischabfälle haben wollen, kaufen Sie doch einfach Surimi. Diese weißrosa »Fischstäbchen« bestehen tatsächlich aus nichts anderem als aus zerkleinerten, gesiebten, getrockneten, mit Eiweiß, Stärke, Öl und Farbstoff wieder in Form gebrachten Abfällen. Surimi sind wirklich das Allerletzte, was man in Fischfabriken zusammenfegt. Surimi sind sehr beliebt.

Fleisch muss quer zur Faser geschnitten werden

So steht's in vielen Kochlehrbüchern und Ratgebern. Die Centrale Marketing-Gesellschaft der deutschen Agrarwirtschaft mbH CMA empfiehlt etwa: »Fleisch stets quer zur Faser schneiden – egal, ob Schnitzel, Bratenscheiben oder Filetspitzen. Ergeben sich quer zur Faser keine ausreichend großen Stücke, sollte man darauf achten, dass der Schnitt zumindest schräg zur Faser verläuft. Durch die kurzen Fasern bleibt das Fleisch gut kaubar und zart. Falsch geschnittene Fleischstücke verlieren dagegen wertvollen Fleischsaft. Werden Schnitzel parallel zur Faser geschnitten, schrumpfen sie in der Pfanne.«[72]

Der letzte Satz taucht fast in jeder Empfehlung bzw. in jeder Warnung auf. Wenn Fleisch aber nur exakt im rechten Winkel zur Ausrichtung seiner Zellbündel geschnitten werden müsste, dürfte oder sollte, dann könnte man Fleisch überhaupt nicht schneiden. Als Erklärung für diese häufig geforderte Regel dient der angeblich große Verlust von Bratensaft, also Zellflüssigkeit, wenn das Fleisch vor dem Braten parallel zur Faser geschnitten und damit eine große

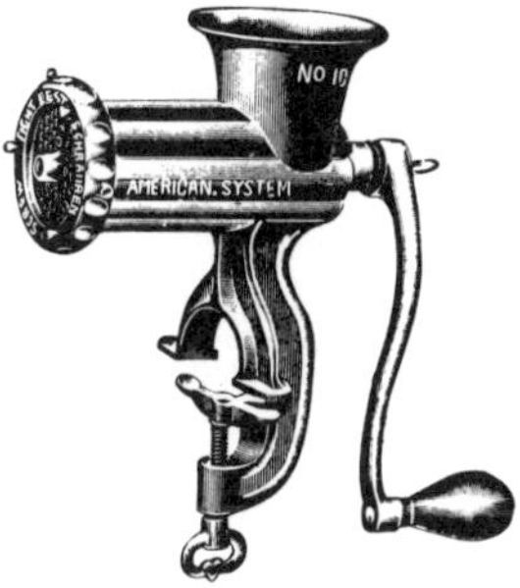

»Fleischhackmaschine, prima, amerikanisches System, fein blank verzinnt. Extratheile: Wursttrichter, Messing vernickelt, Lochscheiben mit kleiner und größerer Lochung.« Nicht einmal bei der Verwendung der kleinsten Lochung werden so viele Fleischzellen zerstört, dass man statt eines Stücks Fleisch eine flüssige Masse erhält.

Menge von Zellen angeschnitten werde. Wenn die Menge der so zerteilten Zellen tatsächlich von Bedeutung wäre, dürfte man niemals Geschnetzeltes zubereiten, bei dem ja zahlreiche Schnitte auch gegen die Faser absolut unvermeidlich sind. Geschnetzeltes oder auch Gulasch wären demnach automatisch saftarm, Pfanne oder Topf mit einer Lache an Zellflüssigkeit gefüllt und ein Anbraten damit unmöglich.

Noch verheerender würde sich die Verletzung der Fleischzellen bei Hackfleisch bemerkbar machen. Die Hackfleischmasse müsste eigentlich schon während ihrer Herstellung im Fleischwolf eine nahezu flüssige Konsistenz annehmen. Dass sie das nicht tut und dass auch Geschnetzeltes und Gulasch durchaus anzubraten sind, liegt an der noch immer relativ geringen Zahl der Zellen, die selbst beim brutalstmöglichen Zerstückeln von Fleisch verletzt werden. Falls Sie in Bio aufgepasst haben, wissen Sie, dass Fleischzellen im Gegensatz zu länglichen Pflanzenzellen eher rund sind. Fleisch setzt sich nun aus Bündeln dieser runden Zellen zusammen und bildet Eiweißfasern. Zwischen diesen Bündeln befindet sich Bindegewebe, bestehend aus Kollagen, Reticulin und Elastin. Dieses Bindegewebe gilt es, durch Erhitzen bei mindestens 60 Grad zu zerstören, es in schmackhafte Gelatine zu verwandeln und das Fleisch damit für den menschlichen Körper verdaulicher zu machen.[73]

Dabei ist es mittlerweile allgemein bekannt, dass das »blutige« Steak keinerlei Blut enthält. Wer den roten Saft auf seinem Teller jemals genau beobachtet hat, wird festgestellt haben, das er auch nach längerer Zeit nicht gerinnt. Blut befindet sich natürlich nicht im Fleisch, sondern im weitverzweigten Kreislaufsystem und wird beim Schlachten möglichst vollständig entfernt. Schließlich ist das Ausbluten der eigentliche Tötungsvorgang. So viel zur schockierenden Grundlage unserer Nahrungsmittel. In der Zellflüssigkeit befindet sich im Gegensatz zum Hämoglobin, welches das Blut färbt, das etwas schwächer färbende Myoglobin. Freunden des »blutigen« Steaks wollen wir aber weiter den Spaß gönnen, ihre zartbesaiteten Tischgenossen mit ihrer Bestellung eines »schön blutigen« Steaks ganz leicht erschauern zu lassen.

Was hat es aber mit dem Schneiden parallel zu den Faserbündeln auf sich? Wir haben einen Test gemacht. Von acht Schnitzeln, jedes etwa 80 Gramm schwer, wurden vier mit und vier gegen die Faser geschnitten. Keines der Schnitzel wurde geklopft, geschlagen oder sonst irgendwie misshandelt. Alle wurden auf jeder Seite kurz angebraten und serviert. In der Pfanne ergab sich kein Unterschied und die Testpersonen konnten auch keinen Unterschied beim Geschmack feststellen. Der Flüssigkeitsverlust betrug bei den quer zur Faser geschnittenen Schnitzeln 16 Prozent, bei den parallel zur Faser geschnittenen 18 Prozent. Ob diese geringe Differenz (bei 80 Gramm betrug sie gerade einmal 1,6 Gramm) tatsächlich auf die Schnitttechnik oder auf einen Messfehler zurückzuführen ist, konnten wir nicht genau klären.

Fleisch kann nur durch Erhitzen genießbar gemacht werden

Was für Ananassaft gilt, gilt auch für viele andere Säuren, die traditionell zum Marinieren verwendet werden. Säure zerstört die Kollagenverbindungen und »gart« das Fleisch in kaltem Zustand vor. Fleisch kann also genauso gut mithilfe einer Marinade verzehrfähig gemacht werden. Marinade besteht zum größten Teil aus Säure, meist Essig, gelegentlich Wein, vermischt mit Öl und Gewürzen. Die Säure zersetzt von außen her das Bindegewebe im Fleisch. Sie dringt kontinuierlich ins Fleisch ein. Die einzelnen Zellen verlieren ihren Halt untereinander und werden verdaulich. Was fehlt, ist das typische, nur durch Erhitzen erreichbare würzige Fleischaroma. Das fehlt aber auch beim Mett, dem ebenfalls roh gegessenen Fleisch, das durch mechanische Zerstörung verzehrfähig gemacht wird. Für den Geschmack wird beim Mett kräftig mit Pfeffer, Salz und Zwiebeln nachgeholfen. Nur dadurch kann man hier überhaupt einen Geschmack erzeugen.

Mariniertes Fleisch dagegen ist zwar roh essbar, ich kenne aber keine Kultur, in der das praktiziert wird. Das Mittel zur Aromatisierung ist auch hier kurzes Erhitzen. Es entstehen nach dem Verdampfen der Marinade an der Oberfläche die erwünschten Aromen (Maillard-Reaktion). Im Inneren ist das Fleisch zart durch die eingedrungene Marinade.

Marinade mittlerer Säure (pH-Wert + 3,0) durchdringt Fleisch mit einer Geschwindigkeit von etwa einem Zentimeter pro Tag. Das Fleisch liegt rundum in der Marinade. Ein Stück Fleisch von einem Kilo mit einem Durchmesser von zehn Zentimetern ist also in fünf Tagen durch und durch mariniert.

Ein klassischer Fall für mariniertes Fleisch ist der deutsche Sauerbraten. Der Sauerbraten für den Sonntag, bestehend aus Rind- oder Pferdefleisch, wird spätestens

Mittwoch eingelegt. Damit wird der Marinade ausreichend Zeit gegeben, ihr Zerstörungswerk bis ins Innere des Fleischstücks zu vollbringen. Sauerbraten wird im Rheinland mit einer süßen Rosinensoße serviert, in Aachen kommen zu den Rosinen noch Printen (die dortige Variante von Lebkuchen) und bei mir zu den Rosinen und den Printen noch ein Riegel Schokolade. (Siehe zu diesem Thema auch »Essig ist nicht die beste Marinade für Fleisch«.)

Fleur de Sel ist ein gesünderes und besser schmeckendes Salz

Kochsalz ist Natriumchlorid und Natriumchlorid ist Kochsalz.

Der Eintrag ist hiermit beendet.

Hier noch ein Nachtrag:

Steinsalz ist Meersalz, das vor Millionen von Jahren entstand, als ganze Meere austrockneten. Im Meersalz befinden sich neben Natriumchlorid noch Spuren von anderen Stoffen wie Kalium, Magnesium und Mangan. Deren Einfluss auf den Geschmack des Salzes ist eher nachteilig, es wird durch sie eher bitter. Gourmets behaupten gleichwohl, Fleur de Sel, das von Hand mit Holzschaufeln von der Oberfläche von Verdunstungsbecken abgeschöpft wird, schmecke aufgrund seiner höheren Kalzium- und Magniesiumsulfat-Anteile anders, intensiver, besser als billiges Kochsalz. Weshalb die bitteren Anteile, die bei dieser Salzherstellung im Endprodukt verbleiben, in irgendeiner Weise der Gesundheit zuträglich sein könnten, wird nirgends erläutert und deshalb auch hier nicht. Salzt man nämlich sein ohnehin normalerweise schon gut gesalzenes Essen zusätzlich mit etwa zwei bis drei Gramm pro Tag (das ist immerhin ein halber Kaffeelöffel), kommt immer noch keine nennenswerte Menge zur Deckung des Mineralbedarfs zustande. 125

Gramm Fleur de Sel werden derzeit zwischen fünf und acht Euro angeboten, 500 Gramm jodiertes Speisesalz zwischen 0,17 und 0,90 Euro. Maximale Preisdifferenz bei 100 Gramm: 0,034 Euro gegenüber 6,366 Euro oder 1872 Prozent!

Hier noch ein zweiter Nachtrag: Der Salzblume »Fleur de Sel« werden außer Schönheit noch die erstaunlichsten physiologischen Wirkungen zugeschrieben. Alles Weitere finden Sie unter »Meersalz ist gesund und schmeckt besser«.

Frisches Gemüse ist gesünder als Konservengemüse

Diese Behauptung bezieht sich auf den Vergleich mit haltbar gemachtem, gekochtem Gemüse. Die Logik dahinter scheint einleuchtend. Zur Konservierung sind bestimmte Verfahren (meistens Erhitzen) oder Substanzen notwendig. Bei Gemüse handelt es sich um eine leicht verderbliche Ware, fast so leicht verderblich wie Fisch und Fleisch. Wenn sie frisch zum Verbraucher kommt, so das überzeugende Verkaufsargument des Handels, kommen ihm (dem Verbraucher) die Nährstoffe des Gemüses unverfälscht und ohne Zusatzstoffe zugute. So weit die Theorie. In der Haushaltsküche und auch in der Profiküche werden aber, vor allem bei Gemüsen, vorwiegend Halbfertigprodukte verwendet. Das spart Zeit, Geld und Konzentration. Die Zubereitung einer Mahlzeit ist sowieso meistens eine logistische Meisterleistung, warum sollte man sich da mit Erbsenpulen und Bohnenschnippeln aufhalten? Dass mit der Verwendung industriell vorbereiteter Speisen ein Niedergang der Kochkultur stattfände, können nur eingefleischte Kulturpessimisten behaupten. (Siehe dazu auch »Omas Küche war die beste«.) Die Zahl derjenigen, die in Europa täglich, vielfältig und mit Genuss kochen, dürfte heute größer sein denn je. Das ist eine unbewiesene Behauptung von mir. Dafür spricht allerdings, dass sich durch kleinere Einheiten die Zahl der Haushalte und damit auch die der Kochstellen erheblich vermehrt hat. Man kann annehmen, dass mehr Kochstellen auch zu häufigerem Kochen führt. Designküchen, die nur gut aussehen, wenn man nicht darin kocht, seien hier einmal ausgenommen.

Einige Gemüsesorten enthalten Flavonoide. Flavonoide haben sich als wirksame Schutzsubstanzen vor Infarkten erwiesen. In rohem Gemüse, heißt es, befänden sich besonders viele dieser wertvollen Substanzen. Das ist nicht ganz richtig. Nur Zwiebeln, Grünkohl und Äpfel enthalten nennenswerte Mengen davon und roh muss keine dieser Pflanzen verzehrt werden, was wenigstens bei Grünkohl auch keiner versuchen würde. Die von Rohkostfanatikern propagierte Mode, Spinat in gemischten Salaten auch roh zu essen, lässt aber auch das möglich erscheinen. Einen Vorteil hinsichtlich der Aufnahme von Flavonoiden hätte das trotzdem nicht. Flavonoide sind nämlich hitzestabil. Kochen macht ihnen überhaupt nichts aus. Auch wenn der Grünkohl richtig matschig ist, beugt er noch einem Herzinfarkt vor. Besser schmecken tut er dann sowieso. (Siehe zu diesem Thema auch »Kochen zerstört die wertvollen Inhaltsstoffe von Gemüse«.)

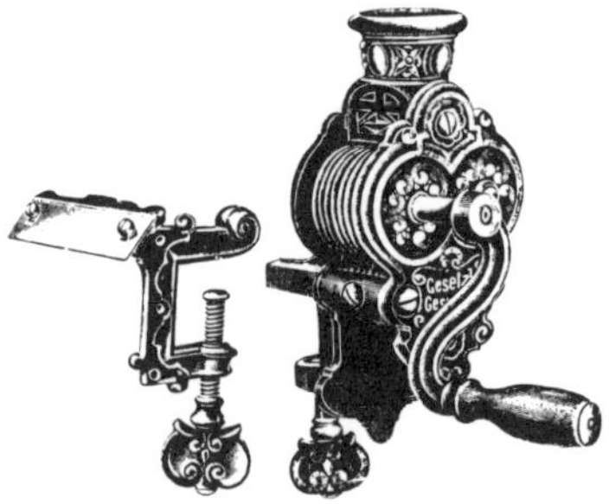

»Bohnenschneidemaschine, Eisenguß, broncirt, prima Qualität, mit 7 Stahlmessern.« Wenn Sie schon selbst Bohnen schnippeln wollen, um Vitamine zu erhalten, dann nehmen Sie doch dieses praktische Gerät zur Hand. Das Schnippeln dauert damit etwa halb so lang wie das Saubermachen der Maschine.

Frittieren bei geringer Hitze lässt Fett ins Frittiergut eindringen

Wenn Pommes frites matschig sind, wird vielfach behauptet, sie seien mit Fett vollgesogen: eine Horrorvorstellung für Diätratgeber. Zusammen mit Sahnetorte belegen solche angeblich fetttriefenden Pommes frites die ersten Plätze der Dickmacher. Interessant an dieser Stelle wäre aber doch zu wissen, ob das überhaupt möglich ist. Manche Ernährungsberater behaupten sogar, die unmäßigen und gierigen Kartoffelstäbchen würden sich »vollsaugen wie ein Schwamm«.[74] This-Benckhard glaubt, es entstünden »grässliche Fettschwämme«, wenn man sich nicht an folgende Regel halte: »Um richtig zu frittieren, muss man das Fett so stark wie möglich erhitzen: Wenn sich nicht sehr schnell eine Kruste bildet, kann Fett in das Frittiergut eindringen und es durchtränken.«[75] Aber: Können sich Pommes frites überhaupt mit Fett vollsaugen? Beim Frittieren entsteht durch die Maillard-Reaktion an der Oberfläche der Kartoffelstäbchen die erwünschte goldgelbe Kruste. Sie macht den Hauptteil von deren Geschmack aus und ist maximal drei Millimeter dick. Im Inneren wird die Kartoffelmasse durch Wärmeleitung erhitzt. Wärmeleitung oder Konduktion ist ein Wärmefluss durch einen Temperaturunterschied. Wärme fließt, so steht es im zweiten Hauptsatz der Thermodynamik, von selbst immer nur in Richtung der geringeren Temperatur. Die einzelnen Moleküle stoßen sich gegenseitig an und bewegen sich ständig. Die Bewegung nehmen wir als Wärme wahr. Was bei dieser Wärmeleitung aber nicht fließt, ist Öl oder Fett. Für das Medium, in dem Pommes frites zubereitet werden, gibt es keinen Weg ins Innere des Kartoffelstäbchens, selbst dann nicht, wenn man sich darum bemühen würde. Pommes-frites-Fanatiker wünschen sich doch, die gesamte Kartoffelmasse zu einem knusprigen Ganzen zu frittieren. Das ist beim traditionellen Querschnitt von 10 x 10 Millimeter nicht möglich.[76]

Spezielle Feinschnitte, die für Fast-Food-Restaurants hergestellt werden, haben deshalb einen Querschnitt von nur sieben Millimetern. Bei einer Eindringtiefe von drei Millimetern bleibt ein unfrittierter Kern von gerade einem Millimeter. Diese Pommes frites sind tatsächlich relativ fettiger als normale. Dass kein Fett weiter als drei Millimeter eindringt, lässt sich schon daran erkennen, dass im Inneren kein Bräunungseffekt entsteht. Der hohe Wasseranteil der Kartoffel lässt die Pommes frites im Inneren nicht heißer als 100 Grad werden. Die Stäbchen werden innen tatsächlich nicht mehr als gekocht. Selbst an ihrer Oberfläche werden die Stäbchen durch den austretenden Wasserdampf nicht heißer als 103 Grad. Ob das Frittierfett 160 Grad heiß ist oder 220 Grad, ist deshalb unwichtig. Der Frittiervorgang lässt sich durch höhere Temperaturen zwar beschleunigen, aber das will man gar nicht. Das Frittiergut wird dabei nämlich sehr ungleichmäßig gegart. Dass die Fritten trotzdem manchmal für besonders fettig gehalten werden, liegt am austretenden Wasserdampf, der die Kruste schnell weich werden lässt. Die weiche, mit Fett überzogene Kruste und das weiche Innere der Stäbchen wirken dann so, als habe sich dort ein Fettdepot gebildet. Ein klassischer Irrtum der unreflektierten Ernährungskritik!

Die folgende Behauptung ist alt und immer wieder vorgetragen worden. Die Kruste, die sich beim Frittieren aus der oberen Schicht des Kartoffelstäbchens bildet, soll gemäß dieser Theorie ein Eindringen von Fett in dessen Inneres verhindern. Nach dem Frittieren, so empfehlen es viele Anleitungen, solle man das Frittiergut auf einer Lage saugfähigen Küchenpapiers ausbreiten, um überschüssiges Fett zu entfernen. Offensichtlich hat sich noch niemand, von dem ich es wüsste, die Mühe gemacht, den Wahrheitsgehalt all dieser Behauptungen und Empfehlungen zu überprüfen. Die Behauptung klingt zunächst plausibel und matschige Pommes frites hat sicher jeder schon einmal serviert bekommen. Man spießt das Kartoffelstäbchen auf die Gabel auf und es hängt an beiden Seiten schlaff herunter. Angeblich soll es dabei sogar möglich sein, dass Fett heruntertropft, obwohl ich das noch nie gesehen habe und es mir aus physikalischen Gründen auch nicht vorstellen kann. Um eine überschüssige Fettaufnahme zu verhindern, wird empfohlen, mit möglichst großer Hitze zu frittieren.

Beide Behauptungen haben wir überprüft – die der überflüssigen Fettaufnahme und die zur Methode ihrer Verhinderung.

Dazu haben wir zwei Methoden angewendet:

1. logische Überlegung
2. einen empirischen Test

Zur Logik: Es müsste, wenn die Behauptung zutreffen würde, von außen Fett in das Frittiergut eindringen, eigentlich fließen, und zwar zwischen dessen Zellstruktur.

Schließlich wird ja auch häufig empfohlen, größere zu frittierende Lebensmittel zu teilen, damit das Innere gar werden kann. Die Empfehlung ist sinnvoll, weil eben kein Fett *in* das Frittiergut eindringen kann. Die Erhitzung findet lediglich über eine schwache Wärmeleitung statt. Jeder Zentimeter, der zusätzlich erhitzt werden muss, bedeutet eine deutliche Verlängerung der Garzeit.

Der Test: Zu überprüfen war der Fettgehalt bei verschiedenen Temperaturen frittierter Speisen, im Testfall Pommes frites. 200 Gramm Kartoffelstäbchen wurden jeweils fünf Minuten bei 131 Grad, bei 157 Grad und bei 174 Grad frittiert.[77] Die bei 131 Grad frittierten waren zwar gar, aber sehr hell, die bei 160 Grad frittierten ideal und die bei 174 Grad frittierten leicht bitter. Das überraschendste Ergebnis war aber der Ölverbrauch. Er war bei allen drei Temperaturen mit 0,3 Deziliter vollkommen gleich.

Wodurch aber wirken die Pommes frites so eklig weich und »fettig«? Was tatsächlich passiert, ist Folgendes:

Nach Abschluss des Frittierens kühlt das einzelne Stäbchen an seiner Oberfläche sehr schnell ab. Seine Oberfläche ist etwa sieben Mal größer als die einer nicht in Stäbchen geschnittenen Kartoffel. Aus der feuchten Kartoffelmasse im Inneren (sie

»Kartoffelsieder, Draht, fein verzinnt mit Bügel.« Das ideale Gerät zum Frittieren. Frittieren Sie mit solchem oder mit hochmodernem Gerät: Sie werden es nicht schaffen, sehr viel Fett in das Frittiergut eindringen zu lassen, egal bei welcher Temperatur.

hat naturgemäß nie mehr als 100 Grad) tritt Wasserdampf nach außen. Die Wassertröpfchen weichen die harte, knusprige Kruste auf, wie bei einem in Wasser aufgeweichten Brötchen. Das Pommes-frites-Stäbchen verliert seine Stabilität, wird biegbar und wirkt fettiger als ein knuspriges. An seiner Oberfläche befindet sich zwangsläufig eine Schicht Fett. So entsteht der Eindruck, das weiche Stäbchen sei mit Fett getränkt. Tatsächlich ist es aber innen genauso fettfrei wie die knusprigsten und leckersten Pommes frites.

Frittieren ist eine belgische Spezialität

Es ist wahr: In Belgien bekommt man zu allem, was man isst, eine Schale »Frites« serviert, ohne sie ausdrücklich bestellen zu müssen. Das gilt auch für anspruchsvollere Restaurants. Die »Moules aux Frites«, Miesmuscheln mit Pommes frites, sind eine Spezialität. In Belgien sind Pommes frites nicht als Kinderessen und Banausenfraß verpönt, sondern in aller Munde. Auf der Straße sieht man zwar immer weniger Verkaufsstände, aber es gibt sie noch, die »Frituur«, eingerichtet in einem ehemals fahrtüchtigen Anhänger, dessen platte Räder hinter Blechen versteckt oder längst abmontiert sind. In den 1980er Jahren gab es in Belgien noch 8000 solcher »baraques à frites«, zurzeit sind es nur noch etwa 1000 und ihre Zahl sinkt weiter.[78] Im neonbeleuchteten Ambiente müht sich der rotgesichtige Patron darum, die EU-Hygienerichtlinien einzuhalten und seiner Kundschaft gleichzeitig schmackhafte Pommes frites zu bereiten. Dazu werden die frisch geschälten Kartoffeln zuerst durch ein handbetriebenes Schneidegerät gedrückt. Unten kommen sie in den natürlich unterschiedlichsten Längen heraus und fallen in einen Plastikeimer. In mehreren, jeweils unterbrochenen Garvorgängen werden die Kartoffelstäbchen in eine runde Friteuse geschaufelt. In dieser Friteuse hängt keineswegs ein passend konstruiertes Sieb. Der Experte fischt die bei jedem Frittiervorgang um eine Stufe dunkler werdenden Stäbchen stattdessen mit einem großen Schaumlöffel aus Aluminium aus dem siedenden Fett heraus, schlägt jeden vollen Löffel zweimal am Rand ab und wirft die Halbfertigware auf eine große Schütte hinter der Friteuse.

Nach dem letzten Frittiervorgang kommen die Pommes frites, die erst jetzt so heißen, in eine runde Aluminiumschüssel, die an ihrem Fuß eine Fettabtropfvorrichtung hat. Auf wenig Stil bedachte Hersteller mischen jetzt das Salz unter und füllen die Pommes frites in Plastikschälchen. Mayonnaise oder eine spezielle ›Fritesaus‹ kommt in ein separates kleines Fach dieses Schälchens. Formvollendeter

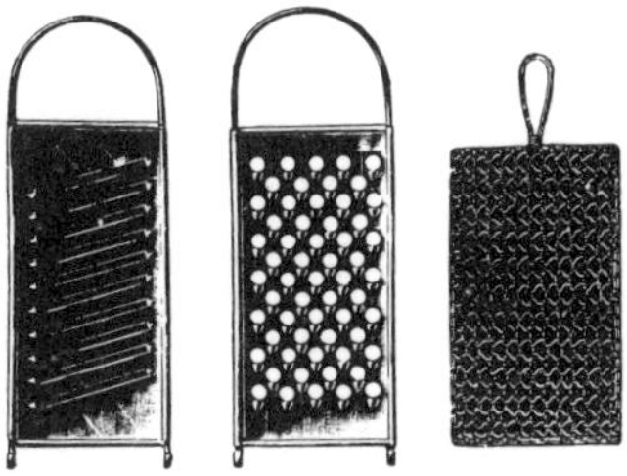

»Kartoffelhobel und Kartoffelreiber, Weißblech mit verzinntem Drahtbügel.« Auch Belgier verwenden diese gefährlichen Geräte nicht mehr zur Herstellung der traditionellen »Frites«. Durch jahrzehntelange Erfahrung wissen sie aber, dass man jeweils nicht das ganze Fett austauschen darf. Das Aroma steckt im Altfett!

wird ein kleines spitzes Papiertütchen mit einer kleinen Menge Pommes frites gefüllt, gesalzen, das Tütchen mit einem weiteren Blatt umwickelt, gefüllt, gesalzen, nochmals mit einem Blatt umwickelt, gesalzen und zu guter Letzt wird mit einem Holzlöffel ein Schlacks Mayonnaise oder Fritesaus oben draufgeklatscht. Eine schlecht saugende Papierserviette gibt's nur auf Nachfrage, ein Gäbelchen auch auf Nachfrage nicht.

Was ist das Geheimnis der belgischen Pommes frites? Es ist der Mythos selbst, sonst nichts. Zerstören wir ihn nicht.

Früher waren die Lebensmittel besser

Wissen Sie, was Antoniusfeuer ist? Ein Leuchtturm, ein meteorologisches Phänomen, ein Kultgetränk beim Après-Ski oder die Folge einer Lebensmittelvergiftung? Das ist hier keine Quizshow, deshalb kommt die Antwort sofort: Als Antonius- oder heiliges Feuer bezeichnet man eine Vergiftung durch Mutterkornalkaloide, gebildet durch den Pilz Claviceps purpurea im Getreide, vorwiegend im Roggenkorn.[79] Die Krankheit heißt heute Ergotismus. Es kommt dabei zur Gefäßverengung, dadurch zu Durchblutungsstörung, auch von Herzmuskel, Nieren und Gliedmaßen. Hände und Füße werden kalt und blass, die ganze Haut kribbelt, Lähmungserscheinungen treten auf. Dann sterben Finger und Zehen ab. Vorher erbrechen die so vergifteten Menschen, haben Durchfall, sind verwirrt, haben Kopfschmerzen und Wahnvorstellungen (daher »heiliges Feuer«). Schwere Vergiftungen führen zum Tod. Auf der Tafel *Versuchung des Antonius* des berühmten »Isenheimer Altars« von Matthias Grünewald ist auch ein an dieser Krankheit Leidender dargestellt. Er sieht nicht gut aus. Der Altar wurde zwischen 1506 und 1515 für ein Antoniterkloster, nämlich das in Isenheim in den Vogesen gemalt, daher der Name.[80]

Hauptaufgabe der Angehörigen des 1070 gegründeten Antoniterordens war es, sich um die am Antoniusfeuer Leidenden zu kümmern. Es gab viel zu tun. Gelegentlich wurde die Bevölkerung ganzer Städte vergiftet. 1926 und 1927 kam es in der Sowjetunion noch zu Massenvergiftungen. Es starben 11 000 Menschen durch mutterkornhaltiges Brot. Zuletzt starben 1951 in Pont-Saint-Esprit (Frankreich) 200 Menschen an Mutterkornvergiftung. In heutigen Mühlen wird Mutterkorn durch Farbausleser ausgefiltert, sodass Vergiftungen ausgeschlossen sind. Das ist besser.

Es ist auch noch nicht so lange üblich, den Menschen reinen Wein einzuschenken. Ich hatte einmal Gelegenheit, den Zweck eines riesigen unterirdischen Gewölbes auf der Burg und Festung Rheinfels in Sankt Goar zu erforschen. Rückzugsort? Waffenlager? Festsaal? Kein Mensch wusste, wozu das fast elf Meter hohe und über 15 Meter breite Gewölbe gebaut worden war. Nach umfangreichen Archivstudien fand ich heraus, dass es der obere Abschluss eines gleichzeitig konstruierten steinernen Weintanks war. 180 000 Liter Wein wurden darin für die dort stationierte Mannschaft gelagert. Jedem Mann standen pro Tag immerhin drei Liter Wein als Verpflegung zu. Das 1587 erbaute Zentrallager hatte aber einen kleinen Schönheitsfehler. Zur Abdichtung des Tanks wurden Leinöl und Unschlitt, also Rindertalg verwendet. Die Dichtungsmasse hinterließ sehr wahrscheinlich ihre Spuren im Wein, der selbst den wenig anspruchsvollen Söldnern nicht schmeckte. Schon wenige Jahre nach der Fertigstellung des großen Kellers, spätestens 1647, wurde der Wein darin in traditionellen Fässern gelagert.[81] Zum Süßen von saurem Wein wurde auch Bleiacetat verwendet, beschönigend »Bleizucker« genannt. Darmkoliken, Muskelschwäche, Lähmungen und Schrumpfnieren sind die Folge, außerdem Schwindel, Depressionen, epileptische Anfälle und geistige Umnachtung.[82] Um

Wein vor dem »Kippen« zu bewahren, wurde ihm noch bis ins späte 18. Jahrhundert geschmolzenes Blei beigegeben.

Ein anderer Fall prinzipieller Verbesserung von Lebensmitteln ist die Verringerung der Übertragung von Bakterien durch Lebensmittel. Eine der schwerwiegendsten Krankheiten war noch bis ins 20. Jahrhundert Tuberkulose oder »Schwindsucht«. Erkrankte wurden ebenfalls in Spezialkliniken, sogenannten Lungenheilstätten, behandelt, eindrucksvoll geschildert in Thomas Manns Roman *Der Zauberberg* (1924). Trotz der Entdeckung des Bakteriums durch Robert Koch im Jahr 1882 war eine Übertragung von Tuberkulose durch Milch noch bis ins frühe 20. Jahrhundert ein verbreiteter Weg, sich anzustecken. Tierärztliche Kontrollen haben die Krankheit bei Milchkühen und Rindern fast völlig ausgerottet. Pasteurisierung von Milch, also die kurzzeitige Erhitzung auf 72 bis 75 Grad, hat diesen Übertragungsweg zudem weitgehend ausgeschlossen. Vermutlich durch den Vertrieb von frischer, also nicht pasteurisierter Milch über Hofläden ist die Zahl der an Tuberkulose erkrankten Menschen in den letzten Jahren wieder gestiegen.

»Milchkanne, gerade, schwere Qualität, mit trichterförmigem Deckel mit Siebeinsatz, verzinntem Drahtbügel mit Holzgriff, Ausguss, Handgriff mit verzinntem Bandeisenfuß.« Die Kanne war erhältlich für 10, 15 und 20 Liter. Der Siebeinsatz hielt natürlich nur die groben Verunreinigungen zurück. Erreger von Tuberkulose werden nur durch Pasteurisieren zerstört.

Dass es einen direkten Zusammenhang zwischen dem traditionellen Pökeln und Magenkrebs gibt, hat sich erst in den letzten Jahren herausgestellt.[83]

Wie diese Beispiele zeigen, hat sich in den letzten Jahrzehnten in Sachen Lebensmittelsicherheit viel getan.

Trotzdem macht Essen heute vielen Menschen Angst. Essen ist ein Elementarbedürfnis und trotzdem scheint es so, als ließe es sich nicht mehr ohne Hochschulstudium befriedigen. Wer nicht selbst Ernährungswissenschaften studiert hat, verlässt sich auf den Rat der Experten, liest Frauenfachzeitschriften, beteiligt sich an Internetforen, hört sich hier und da um und bleibt meistens ratlos zurück. Dabei kann man beobachten, dass der Dauerstress, sich »gesund« ernähren zu wollen, zu Extremdiäten mit entsprechenden Mangelernährungen führt: fettarm oder fettfrei, kohlehydratarm oder kohlehydratfrei, cholesterinfrei, zuckerfrei, salzfrei, sinnfrei. Entschuldigung. Für Allesfresser (kein schönes Wort, aber das sind Menschen nun einmal[84]) stellt sich täglich mehrmals die Frage, was denn nun zu essen sei. Wenn es je ein natürliches, selbstverständliches, unkritisches Verhältnis zum Essen gegeben haben sollte, dann ist davon heute nichts mehr zu spüren. Kulturpessimisten haben leichtes Spiel. Ein allgemeines Bedauern über die heutige Lebensmittelqualität ist zu hören, sobald das Thema auf den Tisch kommt. Ein allgemeines Klagen über die barbarischen Zubereitungsmethoden hebt an, sobald von Großküchen und Mikrowellen die Rede ist. Ein allgemeines Schulterzucken ist zu sehen, sobald nach Ursachen für Fettleibigkeit, Magersucht, Allergien und zappelige Kinder gefragt wird. An allem soll das Essen schuld sein. Nach allem, was ich von den Ernährungsweisen unserer Vorfahren weiß, gibt es aber keinen Grund anzunehmen, dass es ihnen besser ging als uns. Im Gegenteil. Beispiele hatte ich oben genannt.

Lebensmittelskandale sind für die Presse sehr attraktiv. Trotz aller Skandale kommen kritische Autoren doch nicht umhin zuzugeben, dass es sich in den meisten Fällen um illegale Vorgänge handelte.[85] Ein Lamento über Straftaten ist aber fast so sinnlos wie das übers Wetter. Wer Lebensmittelskandale erschreckend findet, sollte sich überlegen, welcher Schaden erst entstünde, wenn illegale Praktiken nicht jedes Mal einen Skandal auslösen würden. Solche »Skandale« sind ja gerade die besten Indikatoren für ein weitgehend funktionierendes System von Vorschriften und Kontrollen. Am Ende seines ausführlichen und mutigen Experiments, in dem es darum ging, sich »natürlich« zu ernähren, jegliche Tiere, Pflanzen und Pilze selbst zu erlegen oder zu sammeln, musste Michael Pollan gestehen, dass es nicht möglich war, ins Stadium einer unmittelbaren, unverfälschten Nahrungsaufnahme zurückzukehren.[86] Was Menschen ausmacht, ist ja unter anderem die Kulturleistung, Nahrungsherstellung und -zubereitung mit größtmöglicher Arbeitsteilung zu betreiben.

Bei der oft gehörten Behauptung »Früher waren die Lebensmittel besser« handelt es sich um einen Irrtum mit weitreichenden Folgen, auch für die Zubereitung in der Küche (siehe dazu auch »Omas Küche war die beste«). Vor allem das heutige Kaufverhalten lässt sich mit dieser Vorstellung ideal steuern. Anders ausgedrückt: Wer weiß, dass Verbraucher glauben, früher seien Lebensmittel naturbelassener, reifer, schmackhafter gewesen, kann seine Produkte oder die Werbung genau darauf abstimmen. Das muss nicht ein multinationaler Konzern sein, der mit einer Riesenkampagne seine High-Tech-Pralinen als Konditorenware anpreist. Auch ein kleiner Bauer kann den Saft, den seine zwanzig Apfelbäume hergeben, viel besser verkaufen, wenn er »naturbelassen« wirkt. Besonders naturbelassen aber wirkt der Saft, wenn man ihn *nicht* so belässt, wie er aus der Apfelpresse rinnt, nämlich klar, sondern zusätzlich noch etwas Trübstoffe zusetzt.[87] Früher ist ein langer Zeitraum. Wenn man den historisch einigermaßen gut belegten Zeitraum der vergangenen zweitausend Jahre rekapituliert, dürfte es schwerfallen, eine Zeit zu nennen, in der Lebensmittel in Mitteleuropa besser und vielfältiger waren als jetzt. Vor etwa hundert

Jahren ernährten sich Menschen hier im Wesentlichen von etwa 200 verschiedenen Lebensmitteln. Heute steht ihnen ein Nahrungsmittelangebot von mehr als 80 000 Produkten zur Verfügung.

Dafür, dass Lebensmittel »früher« durchaus nicht besser waren, gibt es viele Gründe. Neben mangelnden Detailkenntnissen waren es vor allem natürliche oder durch Menschen herbeigeführte Katastrophen wie etwa Kriege und Blockaden, die zur Versorgung mit besonders fragwürdigen Lebensmitteln führten. Dazu nur ein Beispiel:

Nach einer Kartoffel-Missernte und ausbleibenden Getreidelieferungen aus Russland erfanden drei findige Rheinländer im Kriegsjahr 1915 ein »Verfahren zur Herstellung eines dem rheinischen Roggenschwarzbrot ähnelnden Schrotbrotes«.[88] Weizenmehl sollte in diesem Brot vor allem mit Maismehl aus dem neutralen Rumänien sowie mit Gerste, Reismehl und Kleie gestreckt werden. Dadurch, dass Rumänien ebenfalls in den Krieg eintrat, versiegte auch diese Quelle, bevor man aus ihr schöpfen konnte. Jean Oebel, Josef Oebel und Konrad Adenauer konnten ihr Patent deshalb nie nutzen. Erst jetzt gibt es im Café Profitlich in Rhöndorf ein Brot zu kaufen, das nach diesem Rezept gebacken wird. Ich hab's probiert und bin froh, dass ich die Reise nach Rhöndorf nicht nur wegen dieses Brots angetreten hatte. Adenauer erfand

KAISERLICHES PATENTAMT.

AUSGEGEBEN 19. FEBRUAR 1917.

PATENTSCHRIFT

— № 296648 —

KLASSE 2c. GRUPPE ~~1.75~~

JEAN OEBEL, JOSEF OEBEL UND KONRAD ADENAUER IN CÖLN-LINDENTHAL.

Verfahren zur Herstellung eines dem rheinischen Roggenschwarzbrot ähnelnden Schrotbrotes.

Patentiert im Deutschen Reiche vom 2. Mai 1915 ab.

Man hat bereits Mehl aus entschältem Mais als Zusatz zu Roggen- und Weizenmehl für die Brotbereitung vorgeschlagen. Die Verarbeitung eines derartigen Teiges bot aber technische Schwierigkeiten, weil das Maismehl infolge der Aufsaugung der Feuchtigkeit ein rissiges und rasch austrocknendes Brot ergab. Außerdem hatte das Brot einen nicht angenehmen Geschmack. Es ist allerdings auch bekannt, daß der Geschmack von Mais dadurch verbessert werden kann, daß man die Maiskörner im entschälten Zustande röstet. Derartig gerösteter und gemahlener Mais wurde aber bisher zur Brotbereitung nicht verwendet. Wenn man ein Mehl aus geröstetem Maiskorn mit einem Grundsauer verarbeitet, so nimmt die mit dem Grundsauer versetzte Masse schnell einen unangenehmen Geruch und Geschmack an. Das Brot geht auch nicht genügend auf.

Es hat sich nun gezeigt, daß ein wesentlich anderes Ergebnis erhalten wird, wenn man nicht das Maiskorn röstet und hieraus Mehl bereitet, sondern wenn man erst aus entschältem Mais Mehl herstellt, dieses Mehl der Dörrung unterwirft und nunmehr zur Brotbereitung verwendet. Der zugesetzte Grundsauer entwickelt dann einen angenehm schmeckenden, gut aufgehenden Teig.

Die Dörrung geschieht derartig, daß das aus dem entschälten Mais hergestellte Mehl einer etwa 30 Minuten lang andauernden Dörrung bis auf 200° C oder höher ausgesetzt wird. Die Dörrung kann mittels heißer Luft erfolgen. Eine irgendwie erhebliche Bräunung oder Dunkelröstung zeigt sich hierbei nicht.

Zur Herstellung des rheinischen Schwarzbrotes wird das in der beschriebenen Weise erhaltene Mehl mit Mehl von Gerste oder Reis, mit Kleie sowie Dextrin und den üblichen Gewürzzuschlägen zusammengeknetet. Beispielsweise kann man 40 Gewichtsteile Maismehl, 35 Gewichtsteile Gerstenmehl, je 10 Gewichtsteile Reismehl und Kleie sowie 5 Gewichtsteile Dextrin und die üblichen Gewürzzuschläge verarbeiten. An Stelle von Maismehl können auch Produkte aus Mais verwendet werden, welcher einem Umwandlungsprozeß unterworfen ist. Beispielsweise kann man entölten Mais, Maisflocken, sogenanntes Maizena, u. dgl. der Röstung unterwerfen.

Zur Herstellung des Grundsauers verwendet man am besten Gerstenmehl.

Es hat sich weiter gezeigt, daß bei dem beschriebenen Verfahren das Reismehl durch stärke- oder kleberhaltige Mehle, z. B. Kartoffelmehl, Tapioka, Roggenmehl, Weizenmehl, Gerstenmehl oder durch Gemische derselben ganz oder teilweise ersetzt werden kann.

Auch kann das Reismehl oder seine Ersatzmittel vor der Vermischung mit den anderen Stoffen abgekocht oder gedörrt werden.

Die Herstellung des Brotes geschieht derart, daß das gedörrte Maismehl mit auf 40° C erwärmtem Wasser zu einem dickpappigen Teig angerührt wird. Der so gewonnene Maisschrotteig wird nunmehr mit dem Grundsauer, z. B. aus Gerstenmehl, versetzt, dann verknetet man mit Gersten- und Reismehl, Kleie, Dextrin als Bindemittel und geeigneten Gewürzzuschlägen sowie Wasserzusätzen zusammen

So sah das Patent für das schmackhafte Schrotbrot aus dem Jahr 1915 aus.

dann noch am 26. Juni 1918 (noch immer im Krieg) eine »Wurst mit Friedensgeschmack«. Es handelte sich um eine Sojawurst mit geringem Fleischanteil. Weil das Kaiserliche Patentamt seine Erfindung ablehnte, reichte er sie in England ein und erhielt das gewünschte Patent von König Georg V.[89]

G

Geklärte Butter ist besser zum Braten

Geklärte Butter ist Butter, deren Bestandteil Kasein fehlt. Da geklärte Butter weder Wasser noch Proteine noch Milchzucker enthält (es handelt sich um 99,8 Prozent reines Fett), lässt sie sich auf bis zu 205 Grad erhitzen, bevor sie verbrennt. Manche halten das für einen Vorteil, ich nicht. Vor allem beim Anbraten von Fleisch geht es doch darum, allzu hohe Temperaturen zu vermeiden. Schon bei 120 Grad tritt die Maillard-Reaktion ein und die erreicht man auch mit ungeklärter Butter. Ungeklärte, also

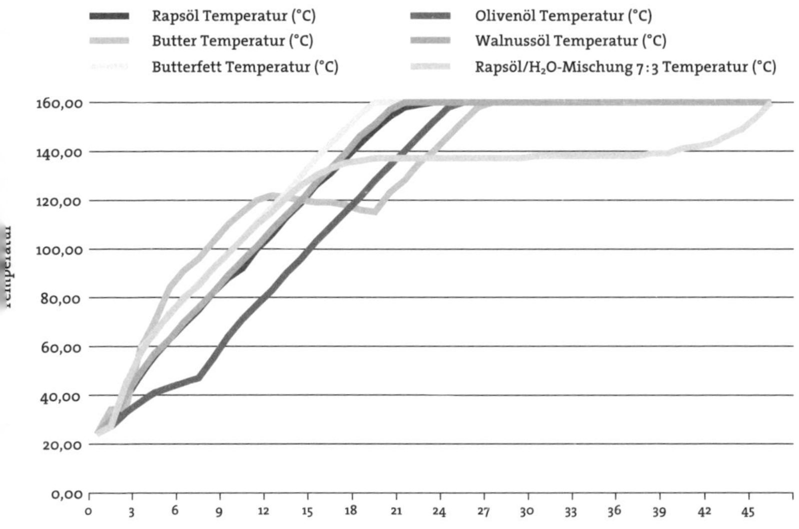

Die Ergebnisse des Butterversuchs im Überblick.

ganz normale Butter hat dann den Vorteil, eine Überhitzung durch ihren hohen Wasseranteil längere Zeit hinauszuzögern. Und nicht nur das. Butter kühlt sich trotz stetiger Wärmezufuhr zwischen der zwölften und einundzwanzigsten Minute sogar ab![90]

Die Heizplatte wurde bei einem Test, den wir durchführen ließen, konstant auf 160 Grad gehalten. Außer der spektakulären Butter-Kurve ergab sich auch bei einer emulgierten Mischung von Rapsöl mit Wasser ein Plateau um 138 Grad zwischen der zwanzigsten und der vierzigsten Minute. Erst wenn das gesamte Wasser verdampft ist, kann die Temperatur weiter ansteigen. Auch Olivenöl scheint noch einen Anteil leicht flüchtiger Stoffe zu haben, die zwischen 40 und 50 Grad verdampfen.

Wie wir es erwartet hatten, ist die Erhitzungskurve des Butterreinfetts stinklangweilig. Wer sich trotzdem die Mühe machen will, die völlig unnötige Prozedur des Butterklärens zu vollziehen, macht es am besten so, wie es Henriette Davidis empfahl: »Zu diesem Zwecke wird sie in einem nicht zu kleinen Kochtopfe auf schwaches Feuer gesetzt und gelinde gekocht, bis sie hell und klar ist. Den Schaum nimmt man nicht ab; er setzt sich zu Boden und verbindet sich dort mit den Unreinigkeiten. Man nimmt dann den Topf vom Feuer und füllt die klare Butter in gut gereinigte Steintöpfe; doch darf nicht das Geringste vom Bodensatz mit hineinkommen. Ist die Butter erkaltet, so legt man ein Papier darüber, streut einen Finger dick Salz darauf und bewahrt sie offen stehend an einem kalten, luftigen Orte auf.«[91]

Der so entfernte Schaum bestand aus Proteinen und das in der Butter enthaltene Wasser verdampfte während des Vorgangs. Man verwende die so hergestellte geklärte Butter zum Verbrennen seiner Steaks.

Genetisch veränderte Lebensmittel können Gene des Menschen verändern oder Allergien auslösen

Blumenkohl sieht, wenn man ihn einmal genau betrachtet, wie eine üble Mutation aus. Bitte erschrecken Sie jetzt nicht: Blumenkohl ist das Ergebnis einer Mutation, und zwar ein sehr wohlschmeckendes. Dasselbe gilt für Rotkohl, bei dem eine spezielle Farbstoffmutation ausgelesen wurde. Dasselbe gilt für Brokkoli, den man als eine Form grünen Blumenkohls bezeichnen könnte. Dasselbe gilt für Rosenkohl, der Kohlköpfchen in Bonsaiformat entwickelt. Dasselbe gilt für Kohlrabi, der fast nur noch aus einem Stängel besteht. In der »Natur« hätten diese Pflanzen wahrscheinlich nicht überlebt. Sie sind Ergebnisse gezielter Genauswahl. Im Labor fanden diese Veränderungen nur zum geringsten Teil statt, sie fallen jedenfalls nicht unter die Bestimmungen für genetisch veränderte Organismen. Ihre genetischen Veränderungen entstanden durch Züchtung, was in einigen Fällen heißt, durch bewusstes Herbeiführen von Missbildungen mithilfe von radioaktiver Strahlung und Viren.

Mutationszüchtung ist die Methode, die in den letzten dreißig Jahren zur Entwicklung neuer, besser schmeckender, besser angepasster, besser verarbeitbarer Pflanzen angewendet wird. Fast alle Getreidesorten wurden so von 1967 bis 1992 verändert, außerdem Soja, Kartoffeln, Tomaten, Äpfel, Pfirsiche, Trauben, Bananen. Besonders im Ökolandbau kommen die neu entwickelten Pflanzen zum Einsatz, weil sie weniger Spritzmitteleinsatz erfordern. Bei Lebensmitteln, die mit dem bloßen Auge nicht sichtbar sind, war die sogenannte Mutationszüchtung besonders erfolgreich. Bakterien für Milchprodukte und Pilze inklusive Hefe fürs tägliche Brot werden heute nur noch in ihrer genmanipulierten Form verwendet.[92]

Eine weit effektivere Form der Züchtung ist die labortechnische Veränderung von Genen. Hier eine Liste von Lebensmitteln, die labortechnisch veränderte Gene enthalten können, zusammengestellt von der Initiative »TransGen«, die diese Technik ablehnt:

Backmischungen, Backpulver, Backwaren, Bier, Brühe, Brühwürfel, Butter, Chips, Cola, Cornflakes, Dessert, Dominosteine, Dressings, Eier, Eiskrem, Enchilada, Erdnussflips, Erfrischungsgetränke, Feinkostsalate, Fertiggerichte, Fertigsoßen, Fertigsuppen, Fisch, Fischkonserven, Fleisch- und Wurstwaren, Fritten, Fruchtjogurt, Fruchtsaft, Fruchtzubereitungen, Frühstückscerealien, Gemüsesaft, Honig, Kartoffelchips, Kartoffelpüree, Käse, Kaugummi, Kindernahrung, Knabbergebäck, Konfitüre, Lachs, Leberkäse, Lebkuchen, Likör, Limonade, Margarine, Marmelade, Marzipan, Mayonnaise, Milch, Miso, Müsli, Müsliriegel, Nudeln, Nuss-Nugatcreme, Obst- und Gemüsekonserven, Pasta, Pizza, Pommes frites, Printen, Pudding, Salami, Säuglingsnahrung, Schinken, Schnaps, Schokolade, Sojadrink, Sojamilch, Sojasoße, Speiseeis, Speiseöl, Speisewürze, Spekulatius, Spirituosen, Süßwaren, Tacos, Teigwaren, Tempeh[93], Tiefkühlprodukte, Tofu, Tomatenketchup, Tomatenmark, Tomatenpaste, Tomatenpüree, Tortillas, vegetarischer Brotaufstrich, Wein, Wurstwaren, Würze.

Der Sinn einer solchen Auflistung ist mir allerdings nicht ganz klar und bei einigen Produkten, wie etwa Milch, frage ich mich auch, wie dort labortechnisch veränderte Gene hineingelangen sollen.

Achtung, jetzt kommt (mehr als bisher und im Folgenden) Ideologie ins Spiel. Außerdem folgen jede Menge sehr, sehr langweiliger Verweise auf die Gesetzeslage. Wenn es Sie trotzdem interessiert, finden Sie hier eine Auflistung der gesetzlichen Bedingungen für die Vermarktung von Lebens- und Futtermitteln, die aus genetisch veränderten Organismen (GVO) bestehen, die GVO enthalten oder aus GVO hergestellt wurden. Seit dem 18. April 2004 gelten in der Europäischen Union (EU) folgende Verordnungen und Richtlinien:

- Verordnung (EG) Nr. 1829/2003 über genetisch veränderte Lebensmittel und Futtermittel
- Verordnung (EG) Nr. 1830/2003 über die Rückverfolgbarkeit und Kennzeichnung von genetisch veränderten Organismen und über die Rückverfolgbarkeit von aus genetisch veränderten Organismen hergestellten Lebensmitteln und Futtermitteln sowie zur Änderung der Richtlinie 2001/18/EG
- Verordnung (EG) Nr. 65/2004 über ein System für die Entwicklung und Zuweisung spezifischer Erkennungsmarker für genetisch veränderte Organismen
- Verordnung (EG) Nr. 641/2004 mit Durchführungsbestimmungen zur Verordnung (EG) Nr. 1829/2003
- Richtlinie 2001/18/EG über die absichtliche Freisetzung genetisch veränderter Organismen in die Umwelt und zur Aufhebung der Richtlinie 90/220/EWG des Rates

In der EU dürfen labortechnisch genetisch veränderte Pflanzen nur dann zum Anbau und/oder zur Vermarktung zugelassen werden, wenn sie die Gesundheit von Mensch und Tier und die Umwelt nicht gefährden. Schon aus Gründen der Logik ist es unmöglich zu beweisen, dass ein bestimmtes Ereignis oder ein bestimmter Effekt nicht eintritt.

Die EU-Kommission informiert auf ihrer Internetseite: »Lebens- und Futtermittel werden in der Regel aus Pflanzen und Tieren gewonnen, die seit Tausenden von Jahren vom Menschen gezüchtet werden. Im Laufe der Zeit haben diese Pflanzen und Tiere sich genetisch stark verändert, da diejenigen mit den am meisten erwünschten Merkmalen für Futter- und Lebensmittel zur Züchtung der nächsten Generation ausgewählt wurden. Die erwünschten Merkmale wurden durch natürlich auftretende genetische Variationen verursacht. In jüngster Zeit ist es nun möglich, das genetische Material lebender Zellen und Organismen mithilfe der modernen Gentechnologie zu verändern. Organismen, wie Pflanzen und Tiere, deren genetisches Material (DNA) auf diese Weise verändert wurde, nennt man gentechnisch veränderte Organismen (GVO). Lebens- und Futtermittel, die solche GVO enthalten oder daraus bestehen oder aus GVO hergestellt werden, nennt man gentechnisch veränderte (GV) Lebens- und Futtermittel.«[94]

Das ist so neutral formuliert wie irgend möglich. Vor allem aber spiegelt es nicht die Befürchtungen, die bei vielen Menschen bestehen, von wenigen geschürt und von noch weniger Fachkundigen gar nicht so leicht aus der Welt geschafft werden können.

Der Deutsche Bundesrat verabschiedete auf der Grundlage der EU-Gentechnik-Verordnungen am 15. Februar 2008 ein neues Gentechnik-Gesetz. Besonders umstritten und von Umweltschutzverbänden kritisiert war dabei die Kennzeichnung von Milch, Fleisch und Eiern als gentechnikfrei, für den Fall, dass das Futter der Tiere genveränderte Stoffe enthielt. Von einer Täuschung der Verbraucher war sogar die Rede. Ich aber fragte mich: Was hätte da gekennzeichnet werden sollen? Nahrung für Tiere und Menschen besteht aus Pflanzen, Tieren oder Produkten von Tieren. Alle diese Nahrungsmittel enthalten selbstverständlich Gene. Das ist eine Tatsache, die nach jahrelanger Propaganda gegen gezielte, im Labor hergestellte genetische Veränderungen allein schon von vielen Menschen für eine Unverschämtheit gehalten wird. Meine Kartoffel enthält Gene? Igitt. Das Schnitzel ist mit Genen nur so gespickt? Das darf doch wohl nicht wahr sein! Alle Nahrungsmittel enthalten Gene? Sie wollen mich wohl auf den Arm nehmen!

Nach einer Umfrage des »Eurobarometers« glauben 45 Prozent der Deutschen, dass normale Tomaten keine Gene enthalten. Das scheint logisch, weil die gentechnisch veränderten doch Gen-Tomaten heißen.[95] Dabei ist vergessen worden, dass in Europa bisher nicht eine einzige gentechnisch veränderte Tomate vermarktet, geschweige denn angebaut wurde. Gezielt aus dem Blick gedrängt wird dabei eine schlichte biologische Tatsache: Durch die Aufnahme von Nahrung ändert sich die genetische Struktur der Lebewesen, die diese essen oder fressen, nicht. Sie ändert sich nicht, sie soll sich nicht ändern und sie kann sich auch nicht ändern. Wäre in den letzten 6 bis 10 Millionen Jahren der Evolution, in denen sich Menschen entwickelten, oder, seien wir großzügig, in den 65 Millionen Jahren der Entwicklung von Primaten je so ein Effekt aufgetreten, hätte er verheerende Folgen gehabt. Die Veränderung von Genen durch die schlichte Aufnahme von Genen anderer Lebewesen hätte zu einer schlagartigen Nivellierung aller Tiere geführt. Das ist zum Glück ausgeschlossen.

Bekannte Köche setzen sich trotzdem gegen die Verwendung labortechnisch veränderter Pflanzen ein und wissen wahrscheinlich gar nicht, was sie so alles an Genen in ihren Töpfen haben. »Was muss ich an einer sonnengereiften Freilandtomate ändern? Was kann ich an einem dreistufigen Sauerteigbrot mit röscher Kruste verbessern? Meiner Meinung nach nichts«[96], sagt Sarah Wiener, die offensichtlich nicht weiß, dass sie ihre Freilandtomate einem intensiven, genverändernden Züchtungsvorgang verdankt (Mutation und Selektion) und ihr dreistufiges Sauerteigbrot den in vielen Jahrtausenden kultivierten Bakterien. Mehl und Wasser reichen zur Herstellung eines Brots nämlich nicht aus. Vor allem bedarf es homo- bzw. heterofermentativer Milchsäurebakterien, die Milch- und Essigsäure produzieren, sowie Hefepilzen.

»Genfoodneindanke«, eine Initiative, die ihr einziges Ziel schon im Namen zum Ausdruck bringt, muss allerdings konstatieren: »Gesicherte Hinweise auf akute Vergiftungen oder Allergien durch Genfood liegen bisher nicht vor.«[97] Dass dies auch gar nicht möglich ist, verschweigt die Initiative. Um zum Ausgangsirrtum zurückzukehren: Wodurch Allergien ausgelöst werden, ist bis heute unklar. Klar dagegen ist nur, dass die labortechnische Veränderung von Pflanzen darauf keinen Effekt hat.

Geschmacksverstärker werden nur bei Fertiggerichten eingesetzt

Der am häufigsten verwendete sogenannte »Geschmacksverstärker« ist Natriumglutamat. Damit wird die fünfte Geschmacksrichtung »umami«, zu deutsch »würzig« oder »vollmundig«, hergestellt. Glutamat hat einen schlechten Ruf. Es könne, heißt es, »neurotoxisch wirken und Hirnzellen töten«.[98] Glutamat gilt als Auslöser des sogenannten Chinarestaurantsyndroms. Weiterhin wisse man, »dass Glutamat bei Krankheiten wie Alzheimer, multipler Sklerose oder Parkinson eine unheilvolle Rolle spielt«[99]. Andere fürchten außerdem einen Bezug zu Epilepsie und Chorea, dem sogenannten Veitstanz[100]. Mindestens dreiundzwanzig Krankheiten, Leiden und Wehwehchen, u. a. Triefnasen, Augenringe und Panik, werden auf diesen Stoff zurückgeführt. Das hört sich gefährlich an. Der Neurotransmitter Glutamin, heißt es außerdem, beeinflusse den Hirnstoffwechsel und führe damit zu Kopfschmerzen, Hitzewallungen, Schwindel, Taubheit in Nacken und Beinen, Druck im Brustkorb und brennender Haut. Das sind die Symptome, die dem Chinarestaurantsyndrom, einer typischen pseudoallergischen Reaktion, zugeschrieben werden. Doppelblindstudien zeigten bisher aber in keinem Fall ein Zusammenhang zwischen der Aufnahme von Glutamat und späteren Symptomen.[101]

Ob der Geschmacksverstärker Glutamat tatsächlich für die beobachteten Unverträglichkeitsreaktionen verantwortlich ist, ist also keineswegs sicher. Neuere Untersuchungen zeigen eher, dass Histamin Verursacher dieser Symptome sein könnte. Wie viele Menschen tatsächlich unter diesen Krankheitsanzeichen leiden, im medizinischen Jargon »disponiert« sind, wurde auch nie ermittelt. Betrachtet man alle Nahrungsmittelallergien zusammen, sind davon nur fünf Prozent aller Menschen betroffen – unter anderem ich. Die beschriebenen Beschwerden sind sicher unangenehm bis schmerzhaft, aber es dürfte schwerfallen, sie mit den genannten schweren Nervenkrankheiten Alzheimer, multiple Sklerose, Parkinson oder gar Epilepsie in Verbindung zu bringen. Allein die Nennung in einem Atemzug erweckt leicht den Eindruck, es handele sich um Vorstufen davon.

Dabei ist Glutamat durchaus kein »künstlicher« Zusatzstoff. Beim Glutamat handelt es sich streng genommen um Glutaminsäure. Sie ist auch in reifen Tomaten, in reifem Parmesan und in Sojasauce, Pilzen und Algen enthalten und selbst Muttermilch enthält Glutaminsäure. Auch ohne Zusatzstoffe nimmt ein Mensch täglich zwischen acht und zwölf Gramm Glutamat auf. Als Lebensmittelzusatzstoff trägt es die Bezeichnung E 620, in Form des Salzes Mononatriumglutamat E 621.[102] 300 000 Tonnen werden davon jährlich weltweit verspeist.[103] Fleisch- und Fischkonserven dürfen bis zu ein Prozent Glutamat enthalten, Saucen bis zu zwei Prozent und die Hälfte eines sogenannten »Würzmittels« darf aus Glutamat bestehen. Glutamat wird vor allem in Südostasien biotechnologisch mithilfe des Bakteriums Corynebacterium glutamicum hergestellt. Glutamat ist auch, das sollten die echten und die falschen Allergiker wissen, in Lebensmitteln enthalten, auf denen z. B. Folgendes vermerkt ist: »Hefeextrakt«, »autolysiertes Hefeprotein« oder »hydrolisiertes pflanzliches Protein«.

Empfindliche Menschen sollten es wissen, um die unangenehmen Reaktionen zu vermeiden, Hypochonder sollten es wissen, um die entsprechenden Reaktionen nicht zu vergessen. In neueren wissenschaftlichen Studien wurde nämlich der frühere Verdacht, das Chinarestaurantsyndrom werde durch den Geschmacksverstärker E 621 Natriumglutamat verursacht, nicht bestätigt. Die Erfahrungen von Personen, die ursprünglich angaben, nach dem Verzehr chinesisch zubereiteter Speisen an Kopfschmerzen, Übelkeit und /oder einem Prickelgefühl zu leiden, hielten einer wissenschaftlichen Überprüfung nicht stand.[104] Bei den Doppelblindstudien blieben die erwarteten Reaktionen aus. 1991 entschied sich der damals zuständige Ausschuss für Lebensmittel der Europäischen Union (SCF) dafür, keine tägliche Höchstdosis für die Aufnahme von Glutamat festzulegen, weil keine Untersuchung ausreichend verlässliche Anhaltspunkte für eine schädigende Wirkung nachweisen konnte. Auch die Deutsche Gesellschaft für Ernährung gab Entwarnung. Für sie ist »die Glutamataufnahme über die Nahrung, insbesondere bei rationeller Verwendung von Glutamat zur Würzung, für die Allgemeinheit unbedenklich und steht in keinem Widerspruch zu einer gesundheitsbewussten Ernährung«.[105]

Das Bundesinstitut für Risikobewertung (BfR) kam zu dem Schluss: »Glutamat ist ein zugelassener Lebensmittelzusatzstoff. Bei einzelnen Personen können nach dem Genuss von Glutamat Überempfindlichkeitsreaktionen auftreten. Verpackte Lebensmittel, denen Glutamat zugesetzt ist, müssen deshalb nach der Lebensmittel-Kennzeichnungs-Verordnung den Hinweis ›Geschmacksverstärker‹ tragen, gefolgt von der Verkehrsbezeichnung, d.h. ihrem Stoffnamen oder der entsprechenden E-Nummer (E 620 bis E 625). Die Kennzeichnungspflicht gilt auch für ›lose‹ Ware sowie für Kantinen- und Gaststättenverpflegung, wo ein entsprechender Hinweis auf der Speisekarte erforderlich ist. Damit hat der Verbraucher die Möglichkeit, die so gekennzeichneten Lebensmittel zu meiden und sich aktiv vor Überempfindlichkeitsreaktionen zu schützen.«[106] Verschwörungstheoretiker sehen hinter solch beruhigenden Worten das Wirken einer übelwollenden Lebensmittelindustrie. Glutamat wird, das ist dem zu entnehmen, nicht nur in Fertiggerichten und in Chinarestaurants eingesetzt, sondern in fast allen Restaurantküchen (bis hin zu mit Sternen ausgezeichneten), vor allem aber in jeder privaten Küche und das nicht zu knapp. »Fondor« oder »Würze« und das körnige Material namens »Fleischbrühe« enthalten sehr viel Glutamat. Das ist durchaus gut lesbar auf jedem Etikett, und doch scheuen sich Hausfrauen und Hausmänner nicht, ihre Familien damit zu ernähren. Wollen sie sie vergiften? Haben sie keine Angst vor Alzheimer, Parkinson, multipler Sklerose?

Neuere Forschungen erklären die neuronale Wirkung von Glutamat: »Da es sich bei Glutamat um eine nichtessenzielle Aminosäure handelt, ist der menschliche Körper von deren Aufnahme unabhängig. Der Mensch ist dazu imstande, es spezifisch zu schmecken. Da Glutamat ein Hauptbestandteil pflanzlicher und tierischer Proteine ist, können diese für den Organismus wichtigen Nährstoffe über die Erkennung gleichzeitig vorhandenen freien Glutamats von ihm auch als solche identifiziert werden. Durch verbesserte Schmackhaftigkeit stellt dies einen Anreiz für vermehrte Aufnahme dar. Julius Maggi benutzte bereits in der zweiten Hälfte des 19. Jahrhunderts zur industriellen Herstellung von Instantsuppen hydrolysierte Pflanzenproteine, die reich an Natriumglutamat sind.«[107]

Menschen besitzen einen speziellen Rezeptor zur Wahrnehmung dieses Stoffs. Es gibt eine angebliche Wirkung des Glutamats, die über die beschriebenen Folgen für Wohlbefinden und Gesundheit hinausgeht: Es soll dazu führen, dass man schneller kaut und schneller schluckt, insgesamt hastiger und damit mehr isst.[108] Entsprechende Beobachtungen wurden bisher allerdings kein einziges Mal unter wissenschaftlichen Bedingungen gemacht, sodass nur eine häufig zitierte Literaturübersicht vorliegt.[109] Dass die Appetitsteuerung durch Glutamat aus der Balance geraten würde, ist überhaupt noch nicht erwiesen. Man hat zum Glück auch noch nicht von einem Massenphänomen dicker, hektisch essender und unter Kopfschmerzen leidender Chinesen gehört. Solange über diese unmittelbaren Auswirkungen auf das Wohlbefinden wie auch auf schwere Nervenkrankheiten, die durch Glutamat ausgelöst werden könnten, keine verlässlicheren Aussagen vorliegen als das »Hörensagen«, verwöhne ich meine Familie und meine Gäste weiterhin mit einer kleinen Prise dieses Zaubermittels, sehe, wie sie genießen, und schweige. (Siehe dazu auch »Zusatzstoffe müssen nicht sein«.)

Grobsalz ist gesünder

Salz werden ganz furchtbare physiologische Wirkungen angedichtet. Von hohem Blutdruck bis zu Herzinfarkt und Schlaganfall wird Kochsalz, das gute alte Natriumchlorid, von vielen aktiven Interessengruppen bekämpft. Ärzte, Ernährungswissenschaftler, Gesundheitsbehörden bis hin zur Europäischen Kommission und zur WHO, der Weltgesundheitsorganisation, scheinen sich einig: Zu viel Salz ist ungesund. Große Lebensmittelkonzerne versuchen deshalb mittlerweile, ihre Produkte salzarm herzustellen.[110] Die Kampagne gegen ein Zuviel an Salz steht allerdings auf wissenschaftlich sehr wackeligen Füßen. Das ist schon seit Langem bekannt. 1999 stellte das amerikanische Wissenschaftsmagazin *Science* fest: »Zwar prangert die Regierung seit Jahrzehnten an, Salz sei ein Gesundheitsrisiko. Aber die riesige Menge wissenschaftlicher Studien hat diesen Verdacht nicht erhärten können.«[111] Die Gleichung viel Salz = hoher Blutdruck stimmt jedenfalls nicht.[112] Nur wenige Menschen reagieren auf salziges Essen mit erhöhtem Blutdruck. Die

Botschaft drang aber nicht zu allen Menschen durch. Wohlmeinende salzen deshalb prinzipiell sparsam. Ich werde deshalb immer sehr mitleidig angesehen, wenn ich mein Essen nachsalze (was ich gerne dann tue, wenn es von einem wohlmeinenden Menschen zubereitet wurde). »Man kann doch auch mit Gewürzen und Kräutern Geschmack ans Essen bekommen«, heißt es dann und ich verbiete mir den Kommentar, warum das hier und jetzt denn nicht geklappt habe.

Die Idee, nur mit Kräutern zu würzen, hat Vor- und Nachteile. Mit Kräutern kann man dem Essen eine bestimmte Geschmacksnote verleihen. Salz aber ist durch andere Zutaten nicht zu ersetzen. Salzig ist eine der fünf Geschmacksempfindungen, die Menschen überhaupt haben. Deshalb war Salz jahrhundertelang so wertvoll. Ganze Handelsstraßen inklusive reicher Städte entstanden nur vor dem Hintergrund des Salztransports. Und da es nach neuesten Erkenntnissen auch gar keinen Grund gibt, auf Salz zu verzichten, salze ich meist kräftig und mit gutem Gewissen nach. Hoher Salzkonsum allein kann bei gesunden Menschen gar keinen Bluthochdruck auslösen. Gesunde müssen ihren Salzkonsum keineswegs einschränken.

Grobsalz kann erzeugt werden

- durch grobes Zertrümmern von Steinsalzkristallen oder
- durch Verkleben von Feinsalz oder
- durch langsames Sieden einer konzentrierten Salzlösung.

Auf Zunge und Gaumen löst es eine wahre Salzexplosion aus. Allein dadurch entsteht ein intensives Geschmackserlebnis. Wegen eines möglichen bzw. unmöglich wahrnehmbaren Geschmacksunterschieds verschiedener Salzsorten liefern sich amerikanische Kochbuchautoren erbitterte Wortgefechte. Robert Wolke ist der Meinung, Salz sei Salz, während sein Kontrahent Jeffrey Steingarten von unterschiedlichen Geschmacksnuancen verschiedener Salze schwärmt. Der Gourmand Steingarten behauptet, einen unterschiedlichen Geschmack von Speisen feststellen zu können, die mit verschiedenen Salzen versehen wurden. Seine eigenen Blindtests straften ihn Lügen, seine Behauptung erhält er gleichwohl aufrecht.[113] (Lesen Sie zu diesem Thema auch »Meersalz ist gesund und schmeckt besser«.)

Gutbürgerliche Küche ist gut und bürgerlich

Bundespräsident Johannes Rau mochte sein Essen laut Auskunft der Stadt Wuppertal angeblich am liebsten »rustikal« und ging deshalb gerne in ein entsprechendes »gutbürgerliches« Stammlokal. Man fragt sich, ob er nun lieber bürgerlich oder bäuerlich, also rustikal aß.[114]

In Tirol weiß man jedenfalls ganz genau, was eine gute Schmankerlküche ausmacht:

»Die Kost is a wieder recht laut.
Ma habnd allweis Muas a da Fruah.
z'Mittag habn man Gselcht's mit an Kraut.
Und zan Nudaln a kröftigö Brüah.
Affn Obnd da is woll a wenk minda,
sand Knödl und Krapfn da Brauch,
es is hald zan Schlaffn vie g'sünda,
wenn aana nid z'voll is an Bauch.«[115]

Ich möchte das hier nicht übersetzen. Versuchen Sie's bitte selbst, am besten durch lautes Lesen.

Bürgerliche Küche gibt es nicht einmal so lange, wie es Bürger gibt. Der Stand der Bürger neben dem Adels- und dem Bauernstand existierte schon im Mittelalter. Bürger lebten in einer Stadt und hatten eigene Bürgerrechte. Eine spezielle Form der Essenszubereitung ist von diesen Bürgern nicht überliefert. Mit der Französischen Revolution wurden die Rechte der Bürger auf alle (männlichen) Einwohner des Staats ausgedehnt. Noch immer gab es keine speziell bürgerliche Kochweise. Erst seit der Mitte des 19. Jahrhunderts bildete sich im Rahmen der industriellen Revolution eine bürgerliche Küche aus. Die herrschaftliche, adelige Esskultur kam für diese neue Gesellschaftsschicht nicht in Frage und bäuerliche Küche war vor allem von Armut und Improvisation geprägt. Dasselbe galt für die Essenszubereitung der neuen Schicht der Arbeiter. Die in einer Stadt lebende Bürgersfrau kochte, unterstützt von einem Dienstmädchen, das, was sie möglicherweise in einer der neu geschaffenen Haushaltsschulen gelernt oder in einem der erst damals auch für Laien publizierten Kochbücher gelesen hatte. Zusammen mit der bäuerlichen und der Arbeiterküche entwickelte die bürgerliche Kochkultur das, was man Hausmannskost nennt.

Hausmannskost gilt bis heute als der Inbegriff des Deftigen: Königsberger Klopse, Leipziger Allerlei, Kasseler mit Sauerkraut und Püree, Rheinischer Sauerbraten, Badischer Rehrücken, Pfälzer Saumagen. Der starke lokale Bezug fällt auf Anhieb ins Auge. Es sind üppige Gerichte, hergestellt aus preiswerten Zutaten, häufig mit gepökeltem und geräuchertem Fleisch mit hohem Fettgehalt oder Innereien. Aus der guten bürgerlichen Küche wurde eine gutbürgerliche, obwohl es im Gegensatz zu Gutmenschen nie Gutbürger gab. Ob gut oder einfach bürgerlich: Den so bezeichneten Gerichten haftete spätestens seit den 1970er Jahren etwas Altbackenes an. Intensiv gewürzten mediterranen oder exotischen Gerichten gaben diejenigen den Vorzug, die zur Lifestyle-Generation gehörten. Gutbürgerliche Küche wurde zu einem Schimpfwort für Speisen mit einem staubigen Beigeschmack. Ein Grund dafür kann die normalerweise schwache Würzung dieser Speisen sein, die auf deren Eigengeschmack vertraut. Erst seit einigen Jahren erfährt die bürgerliche Küche eine Renaissance als Gegenspielerin der »Haute Cuisine«, die als überfeinert empfunden wird.[116]

Wegen der starken Einflüsse aus der bäuerlichen wie auch der Arbeiterküche ist die (gut)bürgerliche

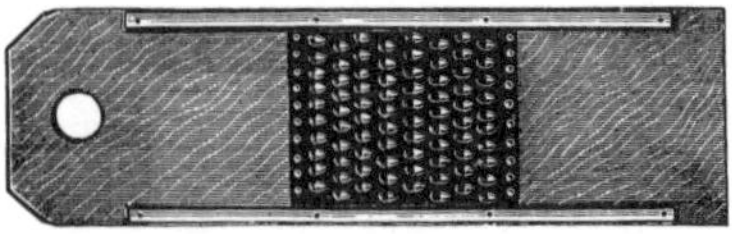

»Rübenhobel. Buchenholz, m. starkem Weißblechreiber, 50 cm lang.«
Kein Gerät für schwache Köchinnen.

Küche nur zum Teil wirklich bürgerlich. Nicht einmal der Bundespräsident konnte das genau auseinanderhalten. Gut ist sie nur insofern, als sie einen bestimmten, würzarmen Zubereitungsstil darstellt, der ein Bedürfnis nach Unverfälschtem und dem scheinbar guten Alten zu befriedigen scheint. (Siehe dazu auch »Omas Küche war die beste«.)

H

Hawaiitoast ist krebserregend

Halten wir uns nicht mit der Frage auf, wie viel mal »i« in »Hawaii« vorkommt, kümmern wir uns lieber direkt um die möglicherweise lebenswichtige Frage, ob durch den Verzehr von fachgerecht zubereitetem Hawaiitoast – mit einer Scheibe gekochtem Schinken – gesundheitsschädliche Stoffe entstehen oder nicht.

Einmal soll es die Kombination aus gekochtem Schinken und Ananas sein, die gesundheitsschädlich ist, einmal die aus Käse und gekochtem Schinken. Sogar als krebserregend wird diese Kombination gelegentlich bezeichnet. Ein andermal wird eine schädliche Wirkung auf das Erhitzen zurückgeführt. Was stimmt daran?

These 1: Nitrit an sich ist das Gefährliche.

Die Ernährungswissenschaftlerin Ulrike Gonder beantwortet im *Greenpeace Magazin* diese knifflige Küchenfrage so: »Käse enthält Amine, gepökelter Schinken Nitrit. Beides kann bei hohen Temperaturen zu krebserregenden Nitrosaminen reagieren. Praktisch aber tragen Pizza oder Hawaiitoast, ergaben Untersuchungen, kaum zur Nitrosaminaufnahme bei. Gelegentlicher Genuss ist also unbedenklich.«[117]

Wie kommt es überhaupt zum Nitrit im Schinken? Und wie hoch sind »hohe Temperaturen«? Ursache ist das Pökeln, vom Fleischer auch »Umröten« genannt. Gekochter Schinken enthält deshalb, wie viele andere Fleischwaren auch, Kaliumnitrit. Kaliumnitrit, HNO_2, wird auch Salpeter genannt. Praktischerweise heißt der Konservierungsstoff E 252 beim Metzger gleich Nitritpökelsalz. Nitritpökelsalz besteht vorwiegend aus Kochsalz und zu 0,4 bis 0,5 Prozent aus Kalium- bzw. Natriumnitrit. Nitrit hemmt die Bakterienvermehrung, vor allem die des gefährlichen Clostridium botulinum. Das ist gut. Würden die Bakterien nicht daran gehindert, sich auszubreiten, hätte die Menschheit weiterhin mit dem tatsächlich lebensgefährlichen Botulin und der davon hervorgerufenen Lähmungskrankheit Botulismus zu kämpfen. Einige Menschen, die den Verzehr verdorbenen Fleischs sicher nicht riskieren würden, lassen sich andererseits bewusst das starke Nervengift Botulinumtoxin, bekannt unter den Verkehrsbezeichnungen Botox, Dysport und Xeomin, unter die Haut spritzen. Vor allem Frauen hoffen, dass die dadurch auftretenden Lähmungserscheinungen ihre Lach- und Zornesfalten verringern oder verschwinden lassen.

Im Blut desjenigen, der mit Kalium- oder Natriumnitrit haltbar gemachtes Fleisch verzehrt, verbindet sich das Nitrit mit Hämoglobin, dem roten Blutbestandteil, der für den Sauerstofftransport notwendig ist, zu einem neuen Stoff. Dieser Stoff heißt Methämoglobin. Die Sauerstoffversorgung, so glaubte man noch vor einigen Jahren, könnte dadurch behindert werden. Das wäre nicht gut. Durch die Kenntnis dieser Zusammenhänge bekam Nitrit einen schlechten Ruf. Erwachsene reagieren wegen des möglicherweise verringerten Sauerstofftransports auf Methämoglobin allerdings mit einem speziellen Enzym. Dieses Enzym heißt Methämoglobin-Reduktase. Wie es sein Name schon andeutet, »reduziert« dieses Enzym das schädliche Methämoglobin, das heißt, es verwandelt es zurück in Hämoglobin. Alles ist wieder im Lot. Jetzt kommt aber erst die Schwierigkeit zum Tragen, die dem Hawaiitoast zu seinem schlechten Image verholfen hat: Säuglinge haben im ersten Halbjahr ihres Lebens noch nicht die Möglichkeit, das entsprechende Reduktase-Enzym zu bilden. Sie müssen deshalb nitritfrei ernährt werden, damit ihre Sauerstoffversorgung nicht gefährdet wird. Die medizinische Bezeichnung Methämoglobinämie erschließt sich auch dem Laien, wenn er die deutsche Bezeichnung kennt: Säuglingsblausucht. Haut und Lippen verfärben sich bei Vergiftungserscheinungen durch den entstehenden Sauerstoffmangel blau. Für Erwachsene aber gilt: vorläufige Entwarnung.

These 2: Erhitzen ist das Gefährliche.
Vor einigen Jahren wurde das Gerücht verbreitet, erst das Erhitzen von gepökeltem, also mit Nitrit haltbar gemachtem Fleisch (also auch das Erhitzen von gekochtem Schinken) würde Krebs erregen. Tatsächlich können Nitrosamine – wie fast jedes Lebensmittel, wenn es in rauen Mengen verzehrt wird – Krebs erregen. Nitrosamine kommen aber meist in völlig unschädlichen Dosen in Lebensmitteln zum Einsatz, etwa in Bier, Fisch, Fleischerzeugnissen und Käse. Auch hier also: vorläufige Entwarnung.

These 3: Die Kombination ist das Gefährliche.
Auch die Kombination von aminhaltigen Lebensmitteln wie Käse oder Fisch (Sardellen oder Thunfisch) mit nitrithaltigen Zutaten (Schinken, Salami oder Spinat) wurde als gefährlich angesehen. Es hieß, dass sich beim gemeinsamen Erhitzen die gefährlichen Nitrosamine bilden: »Besonders gefährlich ist das gemeinsame Erhitzen von gepökelter Wurst und Käse«, so wurde vor nicht allzu langer Zeit im MDR gewarnt.[118] »Besonders gefährlich ist das gemeinsame Erhitzen von gepökelter Wurst und Käse. Das Nitrit aus dem Fleisch und die Amine aus dem Käse können so besonders gut zum Nitrosamin reagieren«, berichtet auch Diplom-Ökotrophologe Michael Kindt auf seiner privaten Ernährungsplattform.[119]

Dadurch kam auch die Salamipizza in Verdacht, krebserregend zu sein. Im Tierversuch sind Nitrosamine tatsächlich krebserregend. Chemisch trifft es auch zu, dass aus der Kombination von Aminen und Nitrit Nitrosamine entstehen, ihre Menge wurde aber erheblich überschätzt. Udo Pollmer berichtet von einem Praxisversuch an der Fachhochschule Berlin, Fachbereich Lebensmitteltechnologie: »Pizze und Toasts wurden gleich dutzendweise gebacken und gegrillt. [...] Nach Vakuum-Wasserdampf-Destillation, chromatografischer Trennung und abschließendem Durchlauf durch den Thermal Energy Analyzer stand fest: Die umstrittenen Gerichte enthielten nicht mehr Nitrosaminspuren als jene Speisen, die bis dato als unbelastete Alternative galten, weil ohne Nitrit und Amine zubereitet.«[120]

Ein Deutscher verzehrt täglich etwa 130 Milligramm Nitrit. Davon stammen ungefähr 70 Prozent aus dem Verzehr von Gemüse, 20 Prozent vom Trinkwasser und zehn Prozent aus gepökeltem Fleisch.[121] Auch für Salamipizza und Hawaiitoast gilt also: vorläufige Entwarnung.

Hochprozentigen Alkohol erhält man nur durch Brennen

Das Brennen, also das Erhitzen alkoholischer Flüssigkeiten, ist die traditionelle Methode zum Erzielen einer höheren Alkoholkonzentration. Sie sammeln die Äpfel ein, packen sie in eine Plastiktonne, geben etwas Hefe dazu und warten ab, bis das Ganze zu einem wirksamen alkoholischen Brei vergoren ist. Dann kommt der Schritt, den Sie unterlassen sollten, weil er verboten ist: das Destillieren mittels Verdampfen und Abkühlen der alkoholischen Flüssigkeit. Destillieren ist aber nicht gleich destillieren. Mit einer Kältedestillation können Sie als Laie noch leichter höherprozentige Getränke herstellen: Man stellt eine alkoholhaltige Flüssigkeit in den Gefrierschrank. Die Temperatur sollte etwa minus 5 bis minus 8 Grad Celsius betragen, damit nur das Wasser gefrieren kann. Wasser hat bekanntlich einen Gefrierpunkt von 0 Grad, der von etwa achtprozentigem Alkohol liegt bei minus 15 Grad. Der Alkohol bleibt also flüssig. Den Eisklumpen kann man nach einer Nacht entfernen, der nun stärker konzentrierte Alkohol bleibt übrig.

Silke Maier empfiehlt in ihrer Diplomarbeit: »Um auch bei der Heimdestillation – analog zu den Buchenfässern – die Farbe und das Aroma herstellen zu können, verwendet man Holzleisten. Diese Holzleisten aus Buche und Eiche zerkleinert man und steckt sie in kleine Fläschchen. Man verdünnt den Schnaps aus dem Gefrierschrank oder dem Schnellkochtopf mit destilliertem Wasser und leert ihn in diese Fläschchen. Diese lässt man dann ein bis zwei Jahre reifen.« [122] So weit die guten Nachrichten und jetzt die schlechte: Private Destillation ist verboten, auch mit dieser Methode. Das Gesetz über das Branntweinmonopol, BranntwMonG, legt in § 134 fest: »Wer eine Brennerei nach Absatz 1 betreiben will, bedarf der Erlaubnis. Sie wird auf Antrag Personen unter Widerrufsvorbehalt erteilt, wenn gegen deren steuerliche Zuverlässigkeit keine Bedenken bestehen und deren Brennerei verschlusssicher eingerichtet ist. […] § 136, Abs. 3) Die Steuer entsteht auch dadurch, dass Branntwein in anderer Weise als nach Absatz 2 ohne Erlaubnis nach § 134 Abs. 2 gewonnen wird.« [123]

Grund dieses Verbots ist nicht etwa eine mögliche Vergiftung durch entstehende Methylalkohole, sondern es sind die ausbleibenden Steuereinnahmen.

K

Kaffee ist ein Flüssigkeitsräuber

Ich weiß nicht, woher diese Falschmeldung ursprünglich stammt. Sie besagt Folgendes: »Was an Kaffee konsumiert wird, muss an Wasser nachgetrunken werden.« Im Kaffee-Kultland Österreich wird der »Wasserentzug« sogar mit 200 Prozent angenommen:

»Nicht alles, was flüssig ist, ist auch als Durstlöscher geeignet! Und so hat es seinen guten Grund, warum man im Kaffeehaus zu jedem Kaffee ein Glas Wasser serviert. Das im Kaffee, schwarzem Tee und in Colagetränken enthaltene Koffein schwemmt im Körper nämlich zusätzlich Wasser aus. Die harntreibende Wirkung setzt bald nach dem Genuss des koffeinhaltigen Getränks ein und hält einige Stunden an. Wie viel an Flüssigkeit vom Körper zusätzlich ausgeschieden wird, ist sehr individuell, kann aber das Doppelte der getrunkenen Kaffeemenge sein. Daher sollten koffeinhaltige Getränke nicht bei der täglich empfohlenen Trinkmenge von 1,5 Litern (bei Fieber, Durchfall, Hitze entsprechend mehr) mitgerechnet werden.«[124]

Kaffee entzieht dem Körper also angeblich Wasser. Wie er das machen soll, wurde nie erläutert und es hat sich nie jemand die Mühe gemacht, das nachzuweisen. Nachgewiesen wurde dagegen, dass Kaffee als Flüssigkeitslieferant gleichwertig mit anderen Getränken ist. Die Deutsche Gesellschaft für Ernährung (DGE) weist darauf hin, dass die Mär vom Flüssigkeitsräuber auf einem Fehlschluss beruht, und empfiehlt Kaffee als »wichtigen Teil der täglichen Gesamt-Wasserzufuhr. In der Flüssigkeitsbilanz kann Kaffee in aller Regel so wie jedes andere Getränk behandelt werden.« Es gibt aber eine Ausnahme: Personen, die nicht an Kaffeegenuss gewöhnt sind. Bei ihnen kann Kaffee tatsächlich vorübergehend harntreibend wirken. Eine Dehydrierung ist trotzdem nicht zu befürchten. Die DGE rät aber, wegen des Koffeingehalts nicht mehr als vier Tassen am Tag zu trinken.[125] Empirische Untersuchungen brachten Folgendes zutage: »In einer bilanzierten Crossover-Studie bei 18 Freiwilligen fanden sich nach mehrtägigem Konsum identischer Mengen verschiedener koffeinfreier und -haltiger Getränke in den 24-Stunden-Sammelurinproben keine Unterschiede des Volumens, der Osmolalität und der Elektrolytausscheidung.«[126]

Professor Friedrich Manz, ehemaliger Leiter des Forschungsinstituts für Kinderernährung in Dortmund, vermutet den Hintergrund der Mär vom Flüssigkeitsräuber in einem kurzfristigen und geringen Wasserverlust nach Kaffeegenuss: »Kurzfristig scheidet der Körper nach einem Kaffee zwar Flüssigkeit etwas schneller aus, aber bei ausreichender Gesamtflüssigkeitszufuhr ist er in der Lage, diesen Verlust rasch wieder auszugleichen.« Deshalb sei es auch nicht nötig, zum Kaffee ein Glas Wasser zu trinken, wie das zurzeit vor allem in Italien noch praktiziert wird. »Kaffee ist für viele Menschen ein wichtiger Teil der täglichen Gesamt-Wasserzufuhr«, sagt Manz, »und er kann daher in die Flüssigkeitsbilanz eingerechnet werden.«[127]

»Kaffeemaschine, Wiener Form, fein vernickelt mit Spirituslampe und glattem Glasdeckel.« Der Glasdeckel war auch separat erhältlich, ging also wohl öfter zu Bruch. Auch der mit dieser Maschine zubereitete Kaffee »raubte« niemandem Flüssigkeit.

Kaffeekochen kann jeder

Ein Geständnis zuerst: Ich bin kein Kaffeetrinker. Als Teetrinker bleibt mir aber außer Haus nichts anderes übrig, als Kaffee zu bestellen. Zu oft wurde ich auf meine Bitte, einen Tee serviert zu bekommen, gefragt: »Pfefferminz, Hagebutte oder Früchte?« Als ich noch Spaß an Konflikten hatte, habe ich mich auf Diskussionen darüber eingelassen, dass es sich bei den vorgeschlagenen Getränken nicht um Tees handelte, sondern um Kräuter- und Fruchtaufgüsse. Jetzt bestelle ich einfach Kaffee und der Fall ist erledigt – außer in Österreich, wo man eine schwierige Auswahl zu treffen hat zwischen kleinem Braunen, großem Braunen, kleinem Schwarzen, großem Schwarzen, Melange, Einspänner, Fiaker, Franziskaner, Kapuziner, Mazzagran, Maria Theresia, einer Schale Gold und Mokka (in Wien bekannt seit 1683, Sie wissen schon, warum). Mit weiteren eigenwilligen Benennungen geringster Zubereitungsnuancen ist in jedem Kaffeehaus zu rechnen. Wenn Sie Ihren rein willkürlich getroffenen Wunsch dem standesbewusst grantigen Ober mitgeteilt haben, werden Sie doch immer nur eins serviert bekommen: Kaffee. (Österreicher haben jetzt aufgehört zu lesen, weil ich ja so ein Ignorant bin. Die Hälfte des Buchs haben sie aber gelesen und das ist doch auch schon mal was!)

In Deutschland gibt es für Kaffee eher verballhornende Bezeichnungen: Bürokaffee, Spülwasserkaffee, Blümchenkaffee und, am anderen Ende des Spektrums, die von Fernfahrern geschätzte Batteriesäure. Italienische Bariste (das ist die Mehrzahl von Barista und meint die »Kaffeekünstler« an der Espressomaschine) stellen dagegen nach dem Zerreißen des Zahlungsnachweises das Minitässchen Kaffee so beiläufig auf den Tresen, dass man aufpassen muss, ob man schon bedient wurde. Außerdem muss man sich vergewissern, ob man seinen Kaffee schon getrunken hat oder noch nicht. Die paar Tropfen Espresso, die den Boden des Tässchens bedecken, könnten ja auch der unweigerlich zurückbleibende Rest sein!

Bei Kaffee fragt man am besten Fachleute wie die Illys.[128] Das entscheidende Kriterium für Kaffee ist die Menge der Stoffe, die aus dem »Kaffeemehl« (dem gemahlenen Kaffee) in die wässrige Lösung übergeht.

Beim Kaffeetrinken in Gasthäusern und in Privathaushalten gibt es seit einigen Jahren auch in Nordeuropa, speziell in Deutschland, noch eine Alternative: Filterkaffee oder Espresso, jeweils ergänzt um verschiedene Zucker- und Milchvarianten, die Kaffeekennern die Gelegenheit zu einer unbeschreiblichen Wichtigtuerei geben. Für ganz schlimm halten sie es etwa, Cappuccino mit leckerer süßer Sahne zuzubereiten. Eine Kulturlosigkeit sei das, der Triumph der Ahnungslosen, der Untergang des Abendlandes. Wer seinen Cappuccino nicht mit aufgeschäumter Milch trinkt, fällt bei den Wächtern der Kaffeekultur auf ewig in Ungnade. Dabei sollte der Kampf um den besten Kaffee um ein ganz anderes Thema gefochten werden als um Sahne- oder Milchschaumhäubchen.

Für Kaffee gilt nämlich dasselbe wie für Tee: Die Temperatur beim Aufgießen ist entscheidend. Dazu sind die Mahlstärke und die Menge im Verhältnis zum Wasser sowie die Kontaktzeit wichtig. Stärke, Aroma und Säure entfalten sich bei allen Zubereitungsmethoden anders.[129] Die besten Ergebnisse liefern die modernsten Maschinen. Bei den Systemen mit relativ teuren Kapseln oder bei den noch teureren Maschinen mit vollautomatischem vorherigen Mahlen werden Aromenvielfalt und Konzentration erreicht, von denen Filterkaffee-

»Kaffeebrenner, Eisenblech, schwarz lackirt, mit doppeltem Boden und Ring.« Der Ring diente zum Einhängen in die entsprechende Herdöffnung, der doppelte Boden zur gleichmäßigen Verteilung der Hitze. Nicht einmal Österreicher rösten heutzutage ihren Kaffee selbst.

trinker nie zu träumen wagten. Der Grund ist vor allem die entschieden höhere Brühtemperatur zwischen 92 und 96 Grad. Mit einem Handaufguss in den sofort abkühlenden Kaffeefilter und erst recht mit einer tröpfelnden Filterkaffeemaschine sind solche Temperaturen einfach nicht zu schaffen.

Kartoffelpüree wird klebrig, wenn man es mit einem Quirl zerkleinert

Das habe ich bisher auch geglaubt. Ich habe es in Kochbüchern gelesen, den Küchenquirl verflucht, mir einen Kartoffelstampfer nach Großmutterart zugelegt und gestampft und gestampft und gestampft – anstatt wie zuvor den elektrischen Quirl in die weichgekochten Kartoffeln zu halten, heiße Milch, Salz, Pfeffer und Muskat dazuzugeben und zu warten, bis das Ganze zu einem leckeren Püree wurde. Bisher hatte mir und den Meinen das immer gut geschmeckt. Die Verwendung eines Quirls führt aber angeblich zu schlechten Ergebnissen. Also hatte ich bis zu meiner Bekehrung zum Muskelkraftwerkzeug immer schlechtes Kartoffelpüree serviert!

Nach den Predigten der Kartoffelpriester in fast jeder Kochshow und in Rezepten, den neumodischen elektrischen Quirl durch Omas Kartoffelstampfer zu ersetzen, fühlte ich mich damit wohler. Die Zellen der Kartoffeln, heißt es, würden durch zu schnelles Zerkleinern beschädigt. Dadurch trete Kartoffelstärke aus und das Püree werde zäh und klebrig. In vielen Ratgebern ist auch von einer kleistrigen Konsistenz die Rede. Die entstehe zwangsläufig beim Einsatzes eines Quirls. Man soll Kartoffelpüree also nicht pürieren?

Anderen Theorien zufolge wird das Püree kleistrig, wenn die Kartoffeln nicht gar sind oder wenn sie beim Stampfen nicht mehr heiß sind oder wenn die zugegebene Milch beim Einrühren zu kalt ist. Ich fragte mich, ob auch der Stand des Mondes Einfluss auf die Konsistenz von Kartoffelpüree haben könnte. Das stand aber in keiner Empfehlung.

Praxistests waren nötig. Allen, die zur Herstellung ihres Pürees einen klassischen Küchenquirl verwenden, kann ich nun mit Fug und Recht sagen: Weiter so! Es scheint bei Kochbuchautoren bezüglich moderner elektrischer Küchengeräte eine große Verwirrung zu herrschen. Der Unterschied zwischen einem Quirl und einem hochtourigen und mit Messern ausgestatteten Stabmixer scheint vielen nicht klar zu sein. Beide Maschinen sind für völlig unterschiedliche Anwendungen konstruiert. Wenn man das nicht berücksichtigt, erhält man natürlich bei Verwendung des hochtourigen Alleszerkleinerers einen kleistrigen Brei. Seltsam nur, dass gerade der meiner Frau am besten geschmeckt hat.

Schon aus größeren Familien (ab sechs Personen) wird berichtet, dass man selbstverständlich einen elektrischen Quirl zum Zerkleinern der Kartoffeln verwendet, und in einer Großküche stieß ich mit meiner Anregung, es doch einmal mit einem Kartoffelstampfer zu versuchen, auf keinerlei Verständnis und auf Augenverdrehen. Ich glaube auch, dass ich den Koch im Weggehen noch so etwas wie »Spinner« und »Der hat Probleme« murmeln hörte. Köche, die in Großküchen arbeiten, sind nicht für ihre Gourmetallüren bekannt. Häufig sind sie schon aus logistischen Gründen gezwungen, Instantkartoffelpürees zu verwenden. Warentester bescheinigten diesen Produkten bis vor einigen Jahren immer wieder mangelhafte Qualität, was aber nicht immer an deren Geschmack und Konsistenz, sondern häufiger an schlechten Beschriftungen oder hohen Rückständen von Schwermetallen lag. Mittlerweile sollen sie von selbstgestampftem Püree teilweise nicht zu unterscheiden sein. *Das* habe ich nicht überprüft.

Knoblaucharomen entfalten sich am besten durch Einreiben der Topfwand

Zahlreiche Rezepte empfehlen, Schüsseln oder Töpfe mit einer aufgeschnittenen Knoblauchzehe einzureiben. Der Grund: Reibt man nur die Topf- oder Schüsselwand mit einer frischen Knoblauchzehe ein, kommt nur wenig Knoblaucharoma ins Gericht. Denselben Effekt erzielt man aber auch, wenn man der Speise von einer zerdrückten oder zerschnittenen Knoblauchzehe nur ein Körnchen zufügt. Die schamhafte Methode, »bloß« den Topfrand einzureiben, hat keinen technischen Vorteil, weil das gesamte Aroma ohnehin auf die Speise übergeht. Gleichzeitig setzt es sich aber auch an den Fingern des Kochs oder der Köchin fest und da wird es am wenigsten geschätzt. Völlig unverständlich wird die Einreibeempfehlung, wenn anschließend, wie es viele Rezepte empfehlen, die zum Ausreiben des Topfs verwendete Knoblauchzehe zerkleinert und der Speise hinzugefügt werden soll.[130] Die Empfehlung zum Ausreiben des Schüsselrands wird, wenn sie denn je einen Sinn gehabt haben sollte, dadurch vollkommen absurd. Noch größere Gefechte gibt es wegen der Frage, ob Knoblauch nun eigentlich zu pressen, zu hacken, zu reiben, zu würfeln, zu stifteln oder doch lieber zu zerdrücken sei.

Knoblauch darf man nicht pressen

Wie also mit dem Knoblauch umgehen? Auf keinen Fall pressen! heißt es in der Fernsehkochshow eines Komikerpaars. Andere Kochclowns finden nichts dabei, Knoblauch mit dem Messerrücken zu zerdrücken. Das Ergebnis sieht so ähnlich aus wie der Matsch, der aus einer klassischen Knoblauchpresse herausquillt.

Der Grund für das streng eingeforderte Pressverbot besteht darin, dass bei diesem Verfahren angeblich Zellsaft austrete und das Ganze bitter werde. »Alpendollar« verkündet etwa im Internet: »Knoblauch nicht pressen, da sonst Bitterstoffe entwickelt werden, die den Geschmack beinträchtigen können.«[131] Was das für »Bitterstoffe« sein könnten, erklärt »Alpendollar« nicht. Allenthalben wird empfohlen, Knoblauch stattdessen klein zu hacken oder – noch besser – zu stifteln. An den Schnittkanten trete ausreichend Zellflüssigkeit aus. Knoblauchpressen, verlangen die Anwälte der reinen Lehre, gehörten verboten.

Wenn Geschmack und Gesundheit und Geruch aber tatsächlich im Zellsaft liegen (und wo sonst), weshalb sollte man sich dann nicht bemühen, durch gnadenloses Zerstören möglichst vieler Zellen den größtmöglichen Geschmack aus einer Zehe zu quetschen? »Senioren«[132] glauben deshalb: »Nur Quetschen bringt's«. »Argentinische Forscher« haben angeblich herausgefunden, dass die Art der Zubereitung darüber entscheidet, ob der blutgefäßschützende Effekt des Inhaltsstoffs Allicin auch beim Kochen aktiv bleibt. Beim Quetschen werde ein Enzym freigesetzt, das den flüchtigen und nicht besonders hitzebeständigen Gefäßschützer im Kochtopf länger überleben lasse. Am sichersten bewahre man den Gefäßschutz allerdings, wenn man Knoblauch roh esse. Die Seniorenzeitschrift legt Wert auf eine Quellenangabe, ohne allerdings selbst ihre Quelle anzugeben. »Argentinische Forscher« klingen mir sehr nach »die Wissenschaft hat festgestellt«, und bei allen argentinischen Forschungsinstitutionen nachzufragen, ob sie irgendetwas zum Thema Knoblauch erforscht haben, das war mir dann doch zu peinlich.

Ein Erfinder hat sich die Behauptung, nur das Stifteln zerschneide die »richtigen« Zellen, zunutze gemacht. Sein Schneidegerät erschließe nur die erwünschten Aromen der Knoblauchzehe.

Unter der Nummer WO 99/ 41045 wurde das Patent 1999 veröffentlicht:

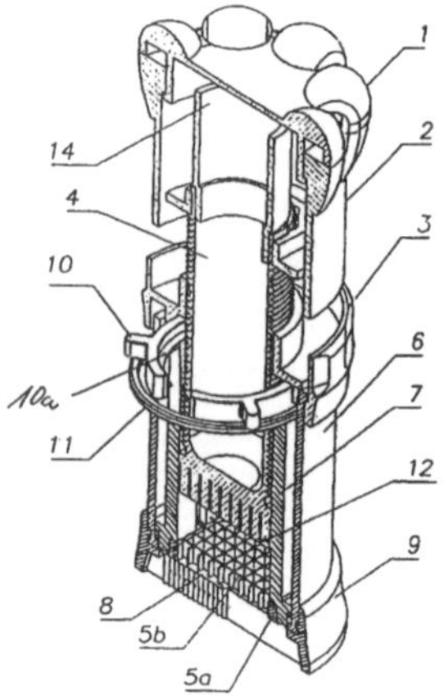

»Die Erfindung betrifft einen Knoblauchschneider mit einem Gehäusekörper, der an seiner Unterseite ein Messer (8) trägt und mit einem Oberteil (2) mit daran befestigtem Stempel (12), der im Betriebszustand beim Verdrehen gegenüber dem Gehäusekörper (6) eine Axialbewegung gegen ein mitrotierendes Schneidegitter (5b) durchführt. Ein den Knoblauch aufnehmender Innenkörper

Ein kleines, äußerst raffiniertes Gerät, dieser Knoblauch-Schneider – aber mit welchem Nutzen?

ist vorgesehen, der drehbar im Gehäusekörper (6) gelagert ist, ein Schneidegitter (5b) aufweist und in den an einer Spindel (4) angeordneten Stempel (12) eintaucht. Weiterhin sind Mittel vorgesehen, die im Betriebszustand für den Eingriff in die Spindel (4) sorgen und im Öffnungszustand eine Längsverschiebung der Spindel (4) zulassen.« [133]

Ich möchte das Gerät nicht sauber machen.

Kochen nimmt viel Zeit in Anspruch

»Bis das Essen auf dem Tisch steht, bin ich schon verhungert. Lass uns lieber essen gehen!«

»Dann dauert's garantiert doppelt so lange, bis du etwas zu essen bekommst. Ich zaubere dir was in zehn Minuten.«

»Das will ich sehen.«

Das genüssliche Schaben und Schneiden und Rühren und Brutzeln und Würzen und Abschmecken lässt sich, wenn man sich an einige einfache Regeln hält, tatsächlich für die meisten Speisen auf zehn Minuten verkürzen.

Edouard (Pozerski) de Pomiane (1875–1964) schrieb 1930 das Büchlein *Kochen in zehn Minuten* und glaubte, damit etwas zur »Anpassung an den Rhythmus unserer Zeit« beigetragen zu haben.[134] Die Slowfood-Bewegung sollte noch ein halbes Jahrhundert auf sich warten lassen. Die Behauptung aber, dass es möglich sei, eine komplette Mahlzeit in zehn Minuten zuzubereiten, erwies sich trotz der Zweifler, die der Autor auf den Plan rief, als richtig. Ein Buch nach meinem Geschmack. Seine Rezepte, erklärt Edouard de Pomiane, seien eben für »Studenten, Midinetten, Büroangestellte, Künstler, Faulpelze, Dichter, Männer der Tat, Träumer und Wissenschaftler« geschrieben.

In zahlreichen dieser Rollen konnte ich mich wiederfinden, bloß bei »Midinetten« musste ich nachschlagen. In einigen Ausgaben werden die Midinetten als »kleine Ladenmädchen« übersetzt, was mich auch nicht schlauer machte, da ich mir weder vorstellen kann, was ein kleines, noch was ein großes Ladenmädchen ist. Bei meiner Recherche erfuhr ich, dass Midinette so etwas, wie Backfisch bedeutet, und wunderte mich schon über den unmittelbaren Bezug zum Kochen. Dann erfuhr ich aber auch, dass der Schauspieler Willy Fritsch in einem Film mit dem Titel *Die kleine Midinette* mitspielte, der von der Zensur sofort mit Jugendverbot belegt wurde, und mir schwante, worum es sich handelt.

Der beste Trick, den de Pomiane auf Lager hat, ist das sofortige Aufstellen eines Topfes mit Wasser auf den Herd, sobald man die Wohnung betritt. Den Hut nehme ich dazu allerdings, anders als es der Autor empfiehlt, vorher ab und verliere dadurch wahrscheinlich wertvolle Sekunden. Das nach wenigen Minuten kochende Wasser (in meinem Fall zubereitet in einem elektrischen Wasserkocher, der sicherheitstechnisch von keinem Flötenkessel zu überbieten ist) wird auf jeden Fall gebraucht, sei es, um Nudeln, Reis, Kartoffeln oder Wasauchimmer zuzubereiten, oder um das, was gekocht werden soll, in diesem Wasser – Originalton de Pomiane – »versinken zu lassen«. Der Autor wusste damals allerdings noch nicht, dass man Fett tunlichst nicht auf seine höchstmögliche Temperatur erhitzen sollte. Über 180 Grad entsteht das Eiweißabbauprodukt Acrylamid, von dem man bis vor Kurzem noch annahm, dass es in höherer Konzentration wie bei einer sehr empfindlichen Rattenart auch bei Menschen Zellwucherungen auslösen könnte.

Mittlerweile wurde Entwarnung gegeben, bis in epidemiologischen Studien eine tatsächliche Gefahr für Menschen nachgewiesen wird. Der Empfehlung de Pomianes »machen Sie ein Höllenfeuer, bis das Fett wieder zu dampfen beginnt« sollte man trotzdem nicht mehr folgen, auch wenn's mit einem Höllenfeuer schneller etwas zu essen gibt und bei geringerer Zubereitungstemperatur ein Spaß ausbleibt, den uns der Autor verspricht: »Essen Sie sodann, indem Sie sich die Finger und den Mund verbrennen.«

Falsch ist auch seine Empfehlung, die Oberfläche von Fleisch durch scharfes Anbraten feuchtigkeitsundurchlässig zu machen.[135] Um ein Austreten des Fleischsafts zu verhindern, müsse man »die Oberfläche des Fleisches hart machen, man muss eine undurchlässige Schicht schaffen. [...] Das Fleisch enthält Eiweiß, Eiweiß gerinnt und wird hart unter der Einwirkung von Hitze. Da Sie ein plötzliches Hartwerden und ein rasches Gerinnen erreichen wollen, müssen Sie das Fleisch also sofort einer sehr hohen Temperatur aussetzen.«[136] Wenn Sie sich auch diesen Spaß nicht nehmen lassen wollen, erhalten Sie wie gehabt ein zähes Stück Fleisch, jede Menge Fettspritzer auf dem Herd und, wenn Sie sich sehr ungeschickt anstellen, auch auf Ihrer Hand. Das zähe Fleisch legen Sie den verbrecherischen Aufzuchtmethoden der europäischen Landwirtschaft und der Inkompetenz Ihres Metzgers zur Last, die Beseitigung der Fettspritzer überlassen Sie Ihrem Lebenspartner, der ja schließlich auch mitgegessen hat.

Kochbücher spiegeln großbürgerliche Verhältnisse. Für Kleinbürger, Bauern und Arbeiter wurden aus naheliegenden Gründen keine Kochbücher geschrieben. Was de Pomiane gut erkannte und mit den oben beschriebenen Existenzformen vom Studenten bis zur Midinette richtig beschrieb, ist die veränderte Gesellschaft und die dadurch veränderten Bedingungen, unter denen gekocht wird. Eine Mahlzeit wird normalerweise nicht mit Unterstützung eines Kochs, einer Mamsell, eines Zimmermädchens, eines Tranchierers und eines Dieners zubereitet. Auch wenn Gäste eingeladen sind, sind Koch und Gastgeber und Unterhalter und alle anderen Funktionen von einer oder von zwei Personen zu übernehmen: den Gastgebern. Man bekommt ja heutzutage kein vernünftiges Personal mehr!

Kochen zerstört die wertvollen Inhaltsstoffe von Gemüse

Vitamine sind wichtig, keine Frage. Sollte man aber deshalb aufs Kochen ganz verzichten? Das hört man nämlich immer wieder, ohne dass es dadurch sinnvoller würde. Die Wissenschaftszeitschrift *New Scientist* veröffentlichte eine Studie »spanischer Forscher«, wonach Dämpfen die schonendste Art des Garens sei. Dabei blieben die Antioxidantien fast vollständig erhalten.[137] Was mir an dem Fernsehbericht, den ich zu diesem Thema sah, nicht gefiel, war die Berufung auf eine Wissenschaftszeitschrift, die ihrerseits von »spanischen Forschern« berichtet hatte.[138] Das Hörensagen hätte vielleicht auch als Quelle ausgereicht. Beim Kochen in Wasser oder beim Kochen im Dampfkochtopf gingen, hieß es in dem Fernsehbericht weiter, jeweils mehr als die Hälfte der wertvollen Inhaltsstoffe verloren. Finnische Wissenschaftler (anstatt Forschern hatten sich jetzt also Wissenschaftler des Themas angenommen) hätten angeblich herausgefunden, dass auch das Blanchieren von Gemüse den Gehalt an Antioxidantien um rund ein Drittel verringere. Mag sein.

Wer dagegen möglichst gering verarbeitete Lebensmittel esse, das ist die Schlussfolgerung solcher Berichte, nehme alle »lebenswichtigen Stoffe« auf. Das Zerstören von Inhaltsstoffen durch angeblich falsche Zubereitung gilt vielen Menschen geradezu als Paradebeispiel für unbewusste, schlechte, gesundheitsschädliche Ernährung. Sie lehnen industriell vorbereitete Lebensmittel generell ab, geben sich wirklich viel Mühe mit der Auswahl und Zubereitung von Rohkost – und erreichen damit vielfach genau das Gegenteil dessen, was sie beabsichtigen.

Als schlimmste Vitaminzerstörer werden Mikrowellen genannt. Vor allem die Antioxidantien würden darin zerstört. »Insgesamt gesehen kann man etwa sagen, dass in der Mehrzahl der Haushalte etwa die Hälfte des für Nahrungsmittel ausgegebenen Geldes verschwendet wird. Die Nährstoffe vieler Lebensmittel werden entweder zerstört oder weggeworfen, bevor sie auf den Tisch kommen.«[139] Gute Güte! Warum bloß werfen die Leute ihr mühsam erarbeitetes Geld durch (angeblich!) falsche Zubereitung in den Mülleimer oder in den Ausguss? Wichtig sei es vor allem, den Vitamin C-Gehalt von Lebensmitteln zu bewahren (als seien wir alle von Skorbut bedroht!). Aber auch den Gehalt an Vitamin B und vielen Mineralien gelte es so weit wie möglich zu erhalten. Dazu sollten sie auf keinen Fall eingeweicht oder lange mit Wasser in Kontakt gebracht werden. Auch Schälen, Schneiden, Raspeln und Zerkleinern sei zu vermeiden, weil die Oberfläche dadurch natürlich erheblich vergrößert wird, was Oxidation ermöglicht und wasserlösliche Stoffe leicht löst. Auch Kochen zählt zu den Vorgängen, die Vitamine zerstören und die gerne angeprangert werden. Ganz schlimm sei auch Salzen oder die Zugabe von Natron. Tatsächlich geht durchs Kochen ein Teil der Vitamine verloren. Zumindest bei einigen Gemüsesorten wie

Kartoffeln, Karotten, Brokkoli und Spinat ist aber das Gegenteil der Fall: Erst durchs Kochen werden die Zellwände des Gemüses aufgeweicht, sodass der menschliche Körper die Inhaltsstoffe bis zu fünfmal besser aufnehmen und verwerten kann. Eine erstaunliche und nahezu unbekannte Tatsache!

Alle Vitaminerhaltungsempfehlungen gehen dagegen von der simplen Vorstellung aus, dass es notwendig wäre, alle uns durch Früchte, Gemüse und Fleisch zur Verfügung gestellten Vitamine und Mineralien zu nutzen. Schließlich handelt es sich um VITale AMINosäuren, die der Körper nicht selbst herstellen kann und die deshalb über Nahrung zugeführt werden müssen. Wie viele Vitamine dazu notwendig sind, darüber besteht derzeit in der Ernährungskunde noch keine Mehrheitsmeinung. Die Empfehlungen zur täglichen Aufnahme schwanken erheblich. Seit 1990 ist die Recommended Daily Allowance (RDA), auch als Recommended Dietary Allowance bezeichnet, in Europa gesetzlich geregelt. Sie gibt die Menge der Vitamine und Mineralstoffe an, die ein durchschnittlicher Mensch täglich zu sich nehmen sollte, um seinen Bedarf zu decken.[140] Dabei ist zu beachten, dass die in Europa empfohlene Tagesdosis zum Teil erheblich sowohl nach oben wie auch nach unten von der in den USA empfohlenen Dosis abweicht.

Die meisten Vitamine sind tatsächlich in der letzten Wachstumsschicht von Obst und Gemüse gespeichert. »Obst und Gemüse, das mit der Schale gekocht oder gebacken wird, enthält wesentlich mehr Wirk- und Geschmackstoffe als geschältes«[141], heißt es da etwa. Auf die vorwiegend an der Schale haftenden »Wirkstoffe« von Spritz- und Konservierungsmitteln verzichte ich allerdings – auch wenn sie tatsächlich in den auftretenden Mengen ungefährlich sind – gern. Selbstverständlich werden beim Erhitzen von Lebensmitteln Vitamine zerstört. Das ist so und das lässt sich auch durch schonendes Garen kaum abschwächen. Immerhin bleiben beim Garen alle Mineralien vollständig erhalten, jedenfalls wenn man durch Salzzugabe den osmotischen Druck erhöht. Es ist aber – im Gegensatz zu dem, was durch die Ratgeberliteratur geistert – ganz und gar nicht wichtig, in *allen* Speisen *alle* Vitamine zu erhalten. Eine auch nur annähernd ausgewogene Ernährung verschafft gesunden Menschen in Europa ein Vielfaches dessen an Vitaminen, was sie benötigen. Der Rest wird ausgeschieden. Magersüchtige und andere Kranke sind davon ausgenommen. Die einen brauchen mehr Vitamine als üblich, um gesund zu werden oder, in extremen Fällen, um zu überleben, die anderen wollen gar nicht überleben.

Durch Wärmebehandlung (Kochen, Braten, Backen) werden andererseits gefährliche Mikroorganismen zerstört. Bei einer Risiko-Nutzen-Analyse des Erhitzens von Speisen schlägt dieser Faktor weit stärker zu Buche als die Verringerung des Vitamingehalts.

Warum geben sich Köche und Ernährungsberater dann so viel Mühe, bei der Zubereitung von Speisen für normale Menschen möglichst viele der im rohen Lebensmittel enthaltenen Vitamine zu erhalten? Die besten Lebensmittelgrundstoffe aller Zeiten, Weißmehl und raffinierter Zucker, sind dadurch in Verruf geraten, dass sie vorwiegend angeblich »leere Kohlenhydrate« enthalten. Sie gelten als ballaststoffarm und energiereich, während die »wertvollen Kohlenhydrate« als ballaststoffreich und energiearm beschrieben werden. Der Unterschied soll in der jeweiligen Verarbeitungsstufe liegen: wenig verarbeitet = gut, hochraffiniert = schlecht bzw. leer und minderwertig. Die romantische Idee des Einfachen, Edlen und Guten wirkt in dieser Vorstellung deutlich nach. Weißmehl ist allerdings nur unwesentlich vitaminärmer als Vollkornmehl und nicht ausreichend raffinierter Zucker ist einfach nur schmutziger Zucker. Von erhaltenen oder unzerstörten Vitaminen kann bei braunem oder sogenanntem »Rohzucker« keineswegs die Rede sein (siehe dazu auch »Brauner Zucker ist gesunder Zucker«).

Sind in den heutigen Lebensmitteln etwa weniger Vitamine und Mineralien enthalten als früher? Keineswegs! Die Deutsche Gesellschaft für Ernährung fand im Gegenteil heraus, dass Obst und Gemüse im Vergleich mit Gemüse im Jahr 1954 nicht weniger Vitamine und Mineralstoffe enthält.[142] Wenn Sie sich also demnächst wieder einmal grämen wollen, weil Sie die kostbaren Vitamine des Apfels durch schnödes Kochen zu leckerem Apfelmus zerstört haben, denken Sie sich einfach: Es kommt nicht so knapp!

Konservierungsstoffe sind ungesund und zerstören Aromen

Alle im Lebensmittelbereich eingesetzten Konservierungsstoffe werden auf Sicherheit und Unbedenklichkeit geprüft. Dafür sind die nationalen Lebensmittelbehörden und seit 2002 die EFSA, die Europäische Lebensmittelsicherheitsbehörde in Parma, zuständig. Konservierungsstoffe und alle anderen Lebensmittelzusatzstoffe sind nicht unmittelbar schädlich. Ohne Konservierungsstoffe wären aber viele Lebensmittel durchaus gefährlich für den menschlichen Verzehr. Konservierungsstoffe schützen etwa in Fleisch und Wurstwaren vor dem tödlichen Bakterium Clostridium botulinum. Seine Vermehrung wird durch Nitrit gehemmt. Die Lähmungskrankheit Botulismus wird dadurch jedenfalls durch Fleischverzehr fast ausgeschlossen. Es ist durchaus keine Verbrauchertäuschung, Fleisch durch die Zugabe von Nitrit länger haltbar zu machen, es ist einfach gesundheits- und lebensrettend. Dass manche Menschen sich das starke Nervengift Botulinumtoxin bewusst unter die Haut spritzen lassen, um Lach- und Zornesfalten zu verringern, gehört zum Glück nicht in den Bereich der Küchenirrtümer, sondern in den der Schönheitsirrtümer bzw. des entsprechenden Wahns.

Bei Getreideprodukten, einem weiteren großen Anwendungsbereich von Konservierungsstoffen, erschweren diese das Wachstum von Schimmelpilzen. Sie verhindern damit die Bildung von Karzinogenen wie Ochratoxin A, das Nieren und Immunsystem schädigt und zu Magenkrebs führen kann, sowie Aflatoxin, einem der stärksten natürlichen Gifte.

Dass Konservierungsstoffe die Aromen eines Lebensmittels nicht zur Geltung kommen lassen, sie im schlimmsten Fall sogar zerstören, ist eine verbreitete Vorstellung. Sie wird nicht nur von Gesundheitsaposteln vertreten, sondern selbst von Fachleuten der molekularen Gastronomie. Peter Barham, den ich in diesem Fall meine, behauptet jedenfalls, dass »selbstgemachte Fonds ein besseres Aroma besitzen«, was wahrscheinlich daran liege, »dass man keine Konservierungsstoffe zusetzen muss«.[143] Er bezieht sich bei dieser Behauptung allerdings in erster Linie auf Salz als Konservierungsmittel. Niemand wird leugnen, dass Salz einen erheblichen Einfluss auf den Geschmack eines Lebensmittels hat, in den meisten Fällen diesen aber durchaus verbessert. Da sie Zersetzungsprozesse verlangsamen, tragen Konservierungsstoffe eher zur Erhaltung von Aromen bei. Wie vollkommen geschmacks- und geruchsneutrale Konservierungsstoffe einen nachteiligen Einfluss auf die Aromen einer Speise haben können, ist daher schlecht nachzuvollziehen. (Siehe dazu auch »Zusatzstoffe müssen nicht sein«.)

Kunden wissen, was sie wollen

Hausfrauen, die im Metzgerladen ein spezielles Stück Kalbsbrust verlangen, »nein, nicht das, das daneben«, eine spezielle Scheibe Bracciole[144], eine ganz ganz trockene Salami, »aber nicht zu dick geschnitten, bitte«, die fragen, wann die Würste gemacht worden seien und wie lange bestimmte Fleischstücke abgehangen sind, solche Kunden gehören zu einer aussterbenden Spezies.

»Wenn Sie auf ›Nummer sicher‹ gehen wollen«, empfahl das *ARD-Morgenmagazin* 2005, »stellen Sie beim Einkauf kritische Nachfragen zur Herkunft des Fleisches oder kaufen Sie beim Metzger Ihres Vertrauens, der noch selbst schlachtet.«[145] In Internetumfragen zum Thema »Wo kaufen Sie Ihr Fleisch?« sind Antworten von Menschen zu lesen, die sich gerne selbst für aufgeklärt halten: Beim Fleischer meines Vertrauens, im Hofladen, im Bio-Laden, direkt beim Schlachter, bei einem Freund meines Vaters, der dazu immer ins Münsterland fährt – und außerdem, so schließt fast jede Antwort, essen wir sowieso nicht so viel Fleisch. Ohne zu unterstellen, dass diese Antworten nicht stimmen, spiegeln sie doch nur einen winzigen Teil der Wirklichkeit. Diese Wirklichkeit reflektiert bloß das Licht, in dem sich Verbraucher gerne sehen. Eine deutlichere Sprache sprechen hier die relevanten Zahlen: »Die deutschen Fleischhersteller haben im vergangenen Jahr ihre Umsätze deutlich gesteigert. Insgesamt setzten die zehn größten Unternehmen 11,9 Milliarden Euro um – der Marktführer allein drei Milliarden.«[146] Das war 2007, im Jahr, in dem in Deutschland erstmals 50 Millionen Schweine geschlachtet wurden. Das gesamte Fleischerhandwerk erzielte 2003 einen Gesamtumsatz von 15,4 Milliarden Euro. »Die ausgeprägte Preisorientierung beim Einkauf und der Trend zu billigeren SB-Artikeln im Discount haben beim klassischen Bedienungsverkauf weitere Spuren hinterlassen«, beklagte die *Deutsche Handwerkszeitung*.[147]

Kochbuchautoren stellen sich aber offensichtlich die wenigen aktiven, eher etwas dominanten Kunden vor, wenn sie ihren Lesern empfehlen: »Lassen Sie sich bei Ihrem Fleischer dies und das vorbereiten.« Sie wissen offensichtlich nicht, wie sich Lebensmittelkäufer, speziell Fleischkäufer, heutzutage verhalten. Es ist ein Irrtum anzunehmen, Kunden wüssten, was sie wollen. Kunden sind schüchtern, sie kennen sich nicht aus, sie wissen nicht, welches Stück Fleisch aus der Lende, der Schulter oder vom Rücken stammt, sie wissen noch nicht genau, was sie eigentlich kochen wollen, sie haben keine Zeit zum Diskutieren und selten den Mumm, nachzufragen. Deshalb stehen sie meist ratlos vor den folienverschweißten Fleischstücken im Supermarkt, nehmen eines in die Hand, stellen fest, dass es zu sehnig, zu knochig, zu fettig, zu teuer, zu groß oder zu klein ist, und nehmen am Schluss doch das Putenschnitzel. Damit gibt es keine Schwierigkeiten, allerdings auch den geringstmöglichen Geschmack auf den Teller.

Eine Frage oder Bitte an die Fleischfachverkäuferin führt unweigerlich dazu, dass die Unkenntnis des Fragenden offenbar wird. Wer will sich schon diese Blöße geben? Die Fleischfachverkäuferin weiß dagegen genau, welches Stück Fleisch aus der Oberschale, aus der Lende, vom Schinken, von der Hüfte, von jedem beliebigen Teil eines Tiers stammt. Ihre anatomischen Kenntnisse sind beeindruckend, ihr handwerkliches Geschick ehrfurchtgebietend und ihr Augenmaß grenzt an Zauberei. Mit so einer Frau legt man sich nicht an. Sie hat ein Messer. Sie kennt alles und sie weiß alles, auch die bestmögliche Zubereitungsmethode. Jede Frage führt dazu, dass die Fleischfachverkäuferin innerlich die Augen verdreht und äußerlich die gemeinsten Antworten gibt. »Aus dem Filet können Sie selbstverständlich auch Gulasch machen (Sie hirnloser Teufel).« »Wir haben auch vorbereitete Rouladen (Sie ungeschicktes Mäuschen).« »Selbstverständlich ist das Fleisch gut abgehangen, gnädige Frau (und Sie hängen hier gleich daneben, Sie dumme Nuss).«

In der Bäckerei dagegen wissen Kunden ganz genau, was sie wollen: etwas Gesundes. Es soll so schmecken wie der Geruch des Bäckerladens, der sich ihnen aus der Kindheit eingeprägt hat, soll dabei den neuesten Ernährungsmoden folgen, also ballaststoffreich *und* leicht verdaulich sein, wenigstens eine Woche lang nicht schimmeln, dabei keine Konservierungsstoffe enthalten, eine kräftige Kruste haben, die aber leicht zu kauen ist, zu jedem Belag passen, der ganzen Familie schmecken und vor allem nicht zu teuer sein. »Bitte sehr«, sagt die Bäckerei-Fachverkäuferin, weist auf das Regal hinter sich, in dem zwanzig verschiedene Brotsorten lagern, alle frisch gebacken, alle die soeben erwähnten Kriterien erfüllend. »Ach, das da auch?«, fragt dann der Kunde und zeigt auf einen braungrauen, pflastersteinförmigen Klotz ganz hinten links. »Das ist ein rheinisches Traditionsbrot mit einem Ballaststoffanteil von zwanzig Prozent und Dinkel-Kürbis-Hafer-Beimischung. Sehr lecker.« »Nein, dann nehm' ich doch lieber hier das mit dem Mehl drauf«, nörgelt der Kunde. »Bitte zwei davon.« »Eine gute Wahl«, heuchelt die Bäckerei-Fachverkäuferin, »unser Roggenmischbrot. Leicht und doch kräftig, saftig und nicht zu feucht. Ich würde Sie gerne in Scheiben schneiden.« Der Kunde überhört den aggressiven Unterton, antwortet »ja bitte« und ist mal wieder bedient.

Der aktive und informierte Verbraucher geistert wahrscheinlich noch so lange durch die Köpfe von Politikern und Kochbuchautoren, bis sich herumgesprochen hat, dass sich die Nahrungszubereitung in Mitteleuropa in den letzten vierzig Jahren dramatisch verändert hat. Dass damit mehr Verlust einhergegangen ist als Gewinn, lässt sich sicher nicht objektiv belegen. (Siehe dazu auch »Frisches Gemüse ist gesünder« und »Omas Küche war die beste«.)

Kupfertöpfe sind ideal zum Kochen

Kupfernes Kochgeschirr sieht gut aus. Kupfertöpfe vermitteln einen gediegenen, großmütterlichen Eindruck. Wenn »früher« angeblich besser gekocht wurde und

»früher« Töpfe aus Kupfer verwendet wurden, liegt der (falsche) Schluss nahe, es gebe einen Zusammenhang von Kochgeschirr und Geschmack. Das Einzige, was in Bezug auf Kupferkessel und -kasserolen wissenschaftlich belegt ist: Früher starben die Menschen wesentlich früher, viele unter anderem an Kupfervergiftungen.

»Messingpfanne, Tiroler Form ohne Drahteinlage, verzinnt, Eisenstiel.« Kunden konnten sich bei dieser Pfanne entscheiden, ob sie eine Kupfer- oder eine Zinnvergiftung vorzogen. Messing ist eine Legierung aus gesundheitsbedenklichem Kupfer und Zink, Zinn ist für Menschen so schädlich, dass Sie die schönen Schnapsgefäße auch weiterhin verstauben lassen sollten.

Kupfer kann akute und chronische Vergiftungen hervorrufen. Akute Vergiftungen zeigen sich in Form von Magenschmerzen, Erbrechen, Darmkoliken und Durchfall. Chronische Vergiftungen führen zu Arthritis, Entzündungen, erhöhtem Blutdruck und vor allem Leberzirrhose. Außerdem bilden sich bei erhöhtem Kupfergehalt des Bluts mehr freie Radikale. Chronische Kupfervergiftungen bei Säuglingen wurden in Deutschland erst 1986 entdeckt. Sie stammten vorwiegend aus Kupfer-Wasserleitungen, die durch zu saures Wasser angelöst wurden. Wasserwerke achten seitdem noch stärker auf einen ausreichend hohen pH-Wert des von ihnen bereitgestellten Trinkwassers.

Jochen Kittel stellte bei indischen Kindern, die die Symptome einer Kupfervergiftung zeigten, fest, »dass man in der Milch, welche in Kupfergefäßen gekocht und aufbewahrt wurde, schon nach wenigen Stunden einen signifikant erhöhten Kupfergehalt nachweisen konnte (3,04 mg/ l bei einem Ausgangswert von 0,39 mg/ l). Ähnliches wurde für Messinggefäße festgestellt.«[148] Kupfervergiftungen waren bei indischen Kindern so weit verbreitet, dass das Phänomen einen eigenen Namen bekommen hat: ICC, Indian Childhood Cirrhosis. In Indien wurde bis 1978, als man den Zusammenhang erkannte, vor allem in hinduistischen Familien bevorzugt in Messingtöpfen gekocht. Messing ist eine Legierung aus wenigstens 50 Prozent Kupfer und Zink.

Vor der Schädlichkeit einer Verwendung von Kupfergeschirr warnte schon in der Mitte des 18. Jahrhunderts der Philosoph Jean-Jacques Rousseau und schrieb darüber einen gar nicht sehr philosophischen Aufsatz.[149]

Kupfer hat – unbezweifelt – gute Wärmeleiteigenschaften. Den Schluss, dass das Material *deshalb* eine größere Toleranz im Hinblick auf das Anbrennen von Lebensmitteln hat, habe ich nie verstanden. Da die Wärme so gut geleitet wird, verteilt sie sich ja gerade *nicht* gleichmäßig über den Topfboden, sondern wird an der Stelle des Flammenkranzes bzw. der Heizschlangen deutlich stärker auf das Kochgut übertragen als an den schwächer beheizten Stellen. Ein idealer Topf muss demnach geradezu katastrophale Wärmeleiteigenschaften haben oder wenigstens so schlechte, dass die Verzögerung genau den Energieausgleich über den gesamten Topfboden sicherstellt. Topfhersteller wissen das und haben den Sandwichboden aus mehreren Metallen erfunden, der eine optimale Wärmeverteilung über den gesamten Topfboden gewährleistet.

Wirklich katastrophale Wärmeleiteigenschaften hat Gusseisen. Gusseiserne Pfannen brauchen eine kleine Ewigkeit, um heiß zu werden, und noch länger, um wieder auszukühlen. Profiköche lieben gusseiserne Pfannen. Profiköche verachten (im Gegensatz zu mir) Pfannen aus einer leichten Legierung, die womöglich auch noch eine Antihaftbeschichtung haben. Sie behaupten auch, die in Profiküchen unbedingt notwendigen gusseisernen Pfannen seien der Grund, weshalb dort mehr Männer als Frauen beschäftigt seien. Man sieht allerdings auch viele Profiköche mit Handgelenksverbänden, die erklären, sie hätten da diese seltsame Sehnenscheidenentzündung, die einfach nicht ausheilen wolle. Wenn man jemandem mit so einer Pfanne, wie es in Witzen oft erzählt oder gezeichnet wird, »eins überbrät«, ist der so Behandelte wahrscheinlich tot. Nach Aristoteles' Theorie des Komischen ist das nicht witzig. Feuerzangenbowle wird in einem zumindest außen kupferfarbenen Topf gemacht, weil's schöner aussieht und weil man sich Heinz Rühmann nicht gerne über eine Aluminiumschüssel gebeugt vorstellen mag.

Eischnee lässt sich in Kupferschüsseln angeblich besser aufschlagen, Zucker besser karamellisieren oder Marmelade einfacher kochen. Ob diese Konditorenweisheiten einen physikalischen, möglicherweise einen chemischen Hintergrund haben, ist nicht eindeutig belegt. »Eine gute Schlagschüssel«, behauptet ein Versandhaus für die »guten Dinge«, müsse aus Kupfer sein, »... einerseits wegen der herausragenden Wärmeleitfähigkeit des Metalls, die für ein schnelles und punktgenaues Aufwärmen und Abkühlen in der Patisserie unerlässlich ist. Und andererseits, weil ein wirklich standfester, gelblichcremiger Eischnee tatsächlich nur in einer Kupferschüssel herzustellen ist.«[150] Die Begründung konnte ich allerdings in keiner wissenschaftlichen Veröffentlichung bestätigt finden: »Die mechanische Bewegung beim Schlagen verändert die Struktur der Conalbumin-Proteine im Eiweiß, Kupferionen stabilisieren dieselben – und so kommt es zu haltbarem Eischnee (bei gleichzeitiger Minimierung der Gefahr des «Überschlagens», bei der die Proteine koagulieren und zusammenklumpen). Ein zusätzlicher Tipp für gutes Gelingen: Reiben Sie vor dem Schlagen von Eiweiß die Schüssel mit Salz aus. Wegen des direkten Kontakts mit Lebensmitteln kann aber nur eine hochwertige, hochreine Kupferlegierung verwendet werden.« Davon kann ich nur abraten. Säurehaltige Lebensmittel oder zu stark Gesalzenes sollte man in Kupfergefäßen besser nicht zubereiten und solche Gefäße schon gar nicht mit

Salz einreiben. Dadurch bilden sich in saurer Umgebung (Fruchtsaft, Hering, Salatsauce) Kupfersalze wie etwa Kupferchlorid. Das ist giftig, im Fachjargon »gesundheitsschädlich«. Keinesfalls sollte man Kupfer mit Essig in Verbindung bringen. Dadurch bildet sich nämlich Kupferacetat und das ist auch giftig (gesundheitsschädlich). Vor allem aber sollte man vermeiden, was Henriette Davidis zur Reinigung von Kupfergeschirren empfahl: »Kupfergeschirre werden mit heißem Essig und Salz oder mit Bierneigen gescheuert, danach mit kaltem Wasser klar gespült und gut getrocknet. Hierauf reibt man sie mit feinem, trockenem Sande und Zeitungspapier, bis sie vollständig trocken sind. Auf diese Weise gereinigte Kessel bleiben längere Zeit blank, ohne anzulaufen.«[151] Was die »Päpstin der bürgerlichen Küche« hier empfiehlt, ihre Reinigung mit Säure und Salz, ist genau das, was man mit Kupfertöpfen auf keinen Fall machen sollte. Die Menge des dabei entstehenden Kupferacetats ist mehr als bloß bedenklich. Bedenklich auch, dass selbst Hervé This-Benckhard diese gefährliche Reinigungsmethode mit Salz und Essig oder Zitrone empfiehlt.[152]

Die Sudkessel der Bierbrauer sind aber doch auch aus Kupfer. Kommt da kein Kupferacetat ins Bier? Odin Paul, Braumeister der Goslarer Traditionsbrauerei Gose, schrieb mir dazu: »Kupfer ist nicht mehr üblich. In Klein- und Gasthausbrauereien werden die Sudhäuser – meist aus Edelstahl – aber mit Kupfer verkleidet. Dieses kommt aber mit dem Produkt nicht in Berührung. Und das Kupfer darf der Brauer dann immer schön putzen …

Goseanna!«[153]

Branntwein wurde bis vor Kurzem bevorzugt in Kupfergefäßen erhitzt. Das Material stabilisiert angeblich das Aroma. Wissenschaftliche Nachweise bzw. vergleichende Studien über die Herstellung von Bier und Branntwein in alternativen Gefäßen gibt es nicht. Ihre Herstellung in Edelstahlgefäßen bringt jedenfalls keine schlechtere

Qualität hervor und ist auch produktionstechnisch kein Problem.

Trotz der leicht toxischen Wirkung ist die Benutzung von Gefäßen und Ausrüstungen aus Kupfer in der Lebensmittelindustrie nicht ausdrücklich verboten. Die europäische Gesetzgebung fordert lediglich eine hygienische und sichere Produktion. Die ist bei Materialien aus Edelstahl (Werkstoffnummer 1.4301 bzw. AISI 304) oder Keramik gewährleistet. Stilvolles Kupfergeschirr ist innen deshalb meistens mit Edelstahl ausgekleidet. Ohne diese Beschichtung sollte es nicht als Kochgeschirr, sondern nur als Dekorationsartikel in den Handel kommen. Online-Nischen, in denen sich Naturfreaks mit Kochgeschirr ausrüsten, bilden eine Ausnahme. Kupfergefäße dienen einem bestimmten Glauben zufolge der «Belebung» des Wassers. Ich habe noch keinen richtig alten Naturfreak getroffen.

Was stimmt: Kupfer leitet die Wärme besonders gut. Damit lassen sich beim Braten, Garen und Backen gute Resultate erzielen. Was die anderen wunderbaren Eigenschaften von Kupferschüsseln angeht: Eischnee lässt sich angeblich in der halben Zeit schlagen (was noch zu beweisen wäre, siehe dazu auch »Eischneee lässt sich in Kupferschüsseln besser aufschlagen«) – und dass sich Zucker, Schokolade, Butter usw. darin besser als in jedem anderen Gefäß auflösen, gehört ins Märchen-, nicht ins Kochbuch.

Kupferkonzentrationen ab 10 Milligramm pro Liter können bei Säuglingen und Kleinkindern schwere Leberschäden auslösen. Eine zu hohe Kupferzufuhr beeinträchtigt das Nervensystem. Es kann zu Psychosen und Depressionen kommen. Grund für diese Erkrankungen ist die Reaktion des menschlichen Körpers auf Schwermetalle. Unter Schwermetallen versteht man eine umfangreiche Gruppe von Metallen mit einer typischen Dichte größer 3,5 bis 5 Gramm pro Kubikmeter. Das sind u.a. Blei,

Kadmium, Chrom, Kobalt, Eisen, Gold, Kupfer, Mangan, Molybdän, Nickel, Quecksilber, Selen, Silber, Vanadium, Zink und Zinn. Die Schädlichkeit von Quecksilber und Blei dürfte jedem einleuchten, etwa so wie auch die des Halbmetalls Arsen.[154]

Eine europäische Kontaminantenverordnung trat am 1. März 1993 in Kraft: »Als Kontaminant gilt jeder Stoff, der dem Lebensmittel nicht absichtlich hinzugefügt wird, jedoch infolge einer Verunreinigung durch die Umwelt (Umweltkontaminant) oder als Rückstand im Zuge der Gewinnung, Fertigung, Verarbeitung, Zubereitung, Behandlung, Aufmachung, Verpackung, Beförderung und Lagerung im Lebensmittel vorhanden ist.«[155]

Blei, Kadmium und Quecksilber werden ausdrücklich genannt, Kupfer nicht.

L

Linsen und Erbsen müssen vor dem Kochen eingeweicht werden (und andere Hülsenfrüchte-Irrtümer)

Linsen und Erbsen müssen vor dem Kochen über Nacht einweichen. Das steht so in jedem Kochbuch und das wird deswegen auch so gemacht. Basta. Auch Hervé This-Benckhard ist dieser Meinung und außerdem strikter Gegner von Salz, nicht aber von Natron.[156] Wir sprechen natürlich über getrocknete Linsen und getrocknete Erbsen. Linsen aus der Dose oder aus dem Glas, die schon vorgekocht sind, braucht man selbstverständlich nicht einzuweichen. Die Notwendigkeit, getrocknete Hülsenfrüchte über mehrere Stunden, am besten über Nacht einzuweichen, stammt aber noch aus der Vor-Drucktopf-Epoche. Das ist schon sehr lange her. Erste funktionsfähige in Serie hergestellte Drucktöpfe wurden schon im 19. Jahrhundert verkauft. (Siehe dazu auch »Schnellkochtöpfe können explodieren«.)

Über die Zugabe von Salz vor oder nach dem Kochen von Linsen werden Glaubenskriege ausgefochten, und wie es bei Glaubenskriegen zwangsläufig der Fall ist, bleibt die Vernunft als Erstes auf der Strecke. Fast jedes Rezept fordert, Linsen (und übrigens auch Erbsen und Bohnen) in ungesalzenem Wasser zu kochen, weil sie sonst hart blieben. Gründe dafür werden nicht angegeben. Andere bezeichnen genau dies als Unsinn. Im Gegenteil sei, damit das Salz in die Linsen ziehen könne, das Kochen in Salzwasser wichtig.[157] Sie empfehlen aus den falschen Gründen das Richtige, nämlich schon das Kochwasser zu salzen, weil die Linsen ansonsten fad schmeckten. So weit ist alles richtig, aber dann kommt der Fehler: »Das Salz muss während des Kochens in die Linsen eindringen können, später hinzugefügt nützt es leider nichts mehr.«[158]

Der kräftigere Geschmack der in Salzwasser gekochten Linsen entsteht aber nicht dadurch, dass Salz in die Linsen eindringen würde (was, siehe den Eintrag zur Kartoffel, gar nicht möglich ist), sondern dadurch dass das Salz ein Auslaugen der fruchteigenen Mineralstoffe verringert. In eine gesättigte Salzlösung können nicht so viele Mineralstoffe übergehen wie in eine ungesättigte. Das ist der ganze Sinn des Salzens von Kochwasser. Das Salz verändert die Richtung des osmotischen Drucks. Bei ungesalzenem Kochwasser findet eine Bewegung von Wassermolekülen durch die halbdurchlässigen Membrane der Zellen in die Linsen hinein statt. Der Druck wird meistens so groß, dass die Früchte platzen. Das ist bei Erbsen und Linsen meistens sogar erwünscht. Bei gesalzenem Wasser wird der osmotische Druck reduziert. Halbdurchlässig, im Fachjargon »semipermeabel«, sind die Membrane deshalb, weil sie zwar das Lösungsmittel, in diesem Fall das Wasser, durchlassen, das in diesem Wasser gelöste Salz aber nicht. Es dringt wirklich nicht in die Linsen, die Erbsen, die Bohnen oder was Sie auch kochen mögen ein.

Mit den Mineralien, die bei ungesalzenem Kochwasser aus den Früchten austreten, gehen auch Farbstoffe verloren. Ungesalzene Linsen sind deshalb auch unschön anzusehen. Sie wirken wesentlich grauer als gesalzene. Mehliger wirken sie vor allem deshalb, weil ihre Hüllen geplatzt sind. Trotzdem sind in Salzwasser gekochte Linsen, deren Schale weitgehend erhalten ist, keineswegs steinhart. Man muss bloß beim Essen einen stärkeren Druck zwischen Gaumen und Zunge aufbauen. Das ist es, was als »Hartbleiben« bezeichnet wird.

Linsen werden heute vor allem in Spanien, Russland und Vorderasien angebaut. Damit Sie nicht, wie ich lange Zeit, weiterhin glauben, Linsen seien Linsen, hier eine Liste der verbreitetsten Linsensorten:

Belugalinsen, auch Kaviarlinsen: klein, schwarz, starkes Aroma, feste Konsistenz. Als Beilage, Eintopf oder als Brotaufstrich. Der Name spielt mit dem Image der Linsen als dem »Kaviar des kleinen Mannes«. Kaviar ist oder war zumindest so begehrt, dass die Bezeichnung auch im Zusammenhang mit Auberginen, Sellerie und Spinnenaugen verwendet wird.

Berglinsen: eine kleine Linsensorte, vorwiegend aus dem bergigen Umbrien (Italien), grün, braun bis rotbraun, sehr zarte Schale, daher ohnehin kein Einweichen erforderlich, feste Konsistenz, Geschmack leicht nussig. Geeignet für Salate, Eintöpfe, Aufläufe.

Braune Linsen: hellbraun bis grün, relativ groß, mildaromatisch, leicht mehlige Konsistenz. Für Eintöpfe, Aufläufe, Bratlinge, Sprossen.

Champagnerlinsen werden nicht etwa mit Champagner zubereitet, sondern stammen aus der Champagne (Frankreich); sie sind rötlichbraun, leicht mehlig.

Gelbe Linsen: geschälte Samen, die schnell zu Brei zerkochen und kein typisches Linsenaroma haben.

Le Puy-Linsen: manchmal auch nur Puy-Linsen genannt, stammen aus der Auvergne (Frankreich). Sie sind dunkelgrün und haben schwarze Sprenkel. Festkochend. Le Puy-Linsen reifen nicht voll aus, enthalten daher wenig Stärke und haben eine dünne Schale. Auch sie sind ohne Einweichen in 20 Minuten gar.

Rote Linsen: werden in Indien und in der Türkei angebaut. Sie kommen nur in geschälter Form, ohne ihre lilafarbene Schale in den Handel. Ohne diese Schale kochen sie sehr schnell breiig weich, auch ohne Einweichen in etwa 10 Minuten. Rote Linsen können zu Salaten, Suppen, Eintöpfen, am besten zu Pürees verarbeitet werden.

Tellerlinsen: die gebräuchlichsten aller in Europa gekochten Linsen. Sie sind flach und haben einen Durchmesser von 6 bis 7 Millimeter. Tellerlinsen sind mehlig kochend und besonders gut geeignet für Eintöpfe. Herkunft auch dieser Sorte ist Vorder- und Zentralasien.

M

Marmelade ist am besten selbstgemacht

Niemand sollte durch die folgenden Worte davon abgehalten werden, seine eigene Marmelade zu kochen. Schließlich ist das bei Obst, das im eigenen Garten wächst, eine probate und sichere Methode der Konservierung. Wenn man die Früchte erst kaufen muss, kostet das aber schnell ein Vielfaches dessen, was man für eine Industriemarmelade bezahlt, selbst für eine der teuersten. Die Herstellung ist vom Prinzip her auch nicht schwer: Früchte pflücken oder kaufen, säubern und zum Kochen bringen, mit Gelierzucker versehen und in Gläser füllen. Wie beim Eierkochen kann aber auch dabei viel schiefgehen: Die Marmelade wird nicht richtig fest, die ganzen festen Bestandteile schwimmen oben und nach der ersten Mahlzeit hat man nur noch Gelee im Glas. Nach dem Öffnen bildet sich an der tiefsten Stelle ein kleiner Fruchtsaftteich, den man schlecht aufs Brötchen bekommt. Ein Glas war nicht richtig verschlossen und wurde zur Schimmelzuchtstätte. Die schönen leuchtenden Erdbeeren sind zu einer blassen Masse zusammengeklumpt. Und so weiter.

Professionelle Hersteller von Marmeladen beugen all diesen Fehlern mit vielen Hilfsmitteln vor. Sie produzieren außerdem übers ganze Jahr, nicht nur zur Erntezeit, und helfen sich beim Abfüllen mit Abrisshilfen. (Das sind Zusatzstoffe, die einen exakten Abriss des in die Gläser fließenden Marmeladenstrahls ermöglichen. Das ist besonders bei den klitzekleinen Gläschen wichtig, die in

Hotels verwendet werden.) Exakt auf den Ausgangsstoff eingestellte Geliermittel machen es möglich, die Marmelade immer mit derselben Konsistenz auszuliefern, egal, ob der Ausgangsstoff Obstpulver, Obstbrei, Obstkonserven, Tiefkühlobst oder – selbst das kommt vor – frisches Obst war. Im Glas entsteht niemals ein Fruchtsaftteich, das Wasser ist perfekt gebunden. Die in der Marmeladenindustrie verwendeten Pektine (der Gelierzucker) binden schon ab, wenn klassischer Haushaltsgelierzucker noch lange flüssig ist. Dadurch bleiben Fruchtstücke auch mitten im Glas gebunden und schwimmen nicht an der Oberfläche. Die Gläser lassen sich immer gut schließen, weil der Marmeladenmasse Schaumverhüter beigegeben werden. Die Säure der Marmelade ist mithilfe von Zitronen- und Ascorbinsäure exakt so eingestellt, wie sie die meisten Kunden bevorzugen. Wer all diese Hilfsstoffe nicht mitessen möchte, muss tatsächlich seine Marmelade selbst machen. Schäden, selbst mögliche Nachteile wurden allerdings bisher nicht festgestellt und den meisten Menschen schmeckt – trotz gegenteiliger Behauptungen – die Industriemarmelade doch besser. Die Umsatzzahlen sind sehr deutlich: In Deutschland werden 215 000 Tonnen süße Brotaufstriche jährlich verkauft. 55 Prozent davon sind Konfitüren und Marmeladen, etwa 25 Prozent Nuss-Nougat-Cremes und etwa 20 Prozent Honig. Der Umsatz beträgt über 620 Millionen Euro jährlich.[159]

Meersalz ist gesund und schmeckt besser

Kochsalz ist Natriumchlorid. Natriumchlorid ist Kochsalz. Eintrag beendet.

Hatte ich das nicht schon in den Ausführungen zu »Fleur de Sel« erläutert? Es wäre so einfach, wenn Kochbuchautoren und Starköche das wüssten. Außerdem wäre es sicher hilfreich, wenn sie etwas mehr Chemie und Physik beherrschten, wenigstens so viel wie ich, und das ist fast nichts. Grobes Salz, so wird oft behauptet, sei »gehaltvoller« als feines (siehe dazu auch »Grobsalz ist gesünder«). Das Gegenteil ist der Fall: Je feiner das Salz, desto mehr Natriumchlorid enthält logischerweise eine Einheit, sei es eine Prise oder ein Löffel. Unter »Gehalt« wird von vielen Freunden feiner Küche aber nicht die Salzigkeit, sondern die Menge an Mineralstoffen verstanden, die Kochsalz außer Natriumchlorid noch enthält. Es handelt sich dabei um Mineralien, die in kleinsten Mengen außerdem im Meersalz angetroffen werden, etwa Spuren von Kalium, Magnesium und Mangan, gelegentlich Kalzium, Eisen, Strontium und Ammonium. Die Zusammensetzung von Meersalz ist etwa folgende:

Natriumchlorid: > 97 Prozent
Kalziumsulfat: 0,5 Prozent
Magnesiumchlorid: 0,3 Prozent
Magnesiumsulfat (Bittersalz): 0,2 Prozent
Kaliumchlorid: 0,1 Prozent

Eisen, Strontium und Ammonium zusammen unter 0,1 Prozent.

Den maximal drei Prozent anderer Mineralien als Natriumchlorid wird von Freunden »gesunder« Ernährung eine geradezu wundertätige Wirkung zugeschrieben, sowohl was ihren Geschmack, als auch was ihre physiologische Wirkung betrifft. Der 97-prozentige Anteil Natriumchlorid wird dagegen als »hochgradiges Zellgift« gebrandmarkt.[160] »Der Gehalt an Mineral-

»Salztonne, Weißblech, mit milchweißem Glaseinsatz, doppelwandigem Griff und innen vernirtem Deckel. Außen fein lackirt mit Aufschrift ›Salz‹. Hochfein neugrün mit moderner Malerei.« Ich bitte um Hinweise darauf, was ein vernirter Deckel ist. Auch das in diesem Gefäß aufbewahrte Salz hat bei »verliebtem« Salzen gesunden Menschen nie geschadet.

stoffen und Spurenelementen«, stellt dagegen die Arbeitsgemeinschaft der Verbraucherverbände fest, »ist je nach Produkt unterschiedlich und meist so niedrig, dass bei einer Zusalzmenge von zwei bis drei Gramm pro Tag (= 1/2 Kaffeelöffel) kein nennenswerter Beitrag zur Bedarfsdeckung geleistet werden kann; das gilt auch für Jod, falls es nicht eigens zugesetzt wurde.«[161]

Mehl muss vor dem Verarbeiten gesiebt werden

Früher war alles besser, bloß das Mehl nicht. Früher, das heißt vor wenigstens sechzig Jahren, befanden sich im Mehl gelegentlich Käfer und sonstige Fremdstoffe. Die hatte man nicht gern im Brot. Deshalb siebte man das Mehl kurz vor der Verarbeitung nochmals durch. Früher befand sich auch gelegentlich Mäusekot im Mehl. Das war nicht appetitlich und auch deshalb wurde Mehl durchgesiebt. Früher waren dem Mehl keine Trennmittel zugesetzt. Kleinere Feuchtigkeitsschwankungen führten deshalb gelegentlich zum Verklumpen des Mehls. Auch deshalb siebte man es durch. Da es heute Trennmittel und eine äußerst hygienische Lebensmittellagerung gibt, ist die alte Vorsichtsmaßnahme überflüssig geworden.[162] Manche Menschen glauben auch, gesiebtes Mehl ergebe lockerere Backwaren. Das trifft natürlich nicht zu, weil Mehl in einem Teig nicht lockerer bleibt, wenn es zuvor gesiebt wurde. Fürs Lockere eines Teigs sind Treibmittel und Proteine verantwortlich. Auch eine »Anreicherung mit Sauerstoff«, wie mir gesagt wurde, findet natürlich beim Sieben nicht statt. Eine entsprechende »Anreicherung« entspricht wohl der von Wasser mit »positiver Energie«, zu der verschiedene Tüftler Gläubigen entsprechende Zaubermaschinen verkaufen.

Wenn Sie besonders gutes und feines Mehl verwenden wollen, ist das in Deutschland bei Weizen die sogenannte

Type 405 (in Österreich W480), bei Roggen die Type 815 (in Österreich R500, »Vorschuss«). Früher wurde diese Mahlstufe als Auszugsmehl bezeichnet. Auch wenn es Verfechter einer sogenannten Vollwertkost abstreiten, so enthalten Auszugsmehle außer Stärke auch Kleber-Protein, zahlreiche Vitamine, Ballaststoffe und Mineralstoffe. Die ausgesiebte Kleie wird vorwiegend als Viehfutter verwendet. Mehle mit geringem Kleieanteil sind länger haltbar als Vollkornmehle. Das hängt vorwiegend damit zusammen, dass der ölhaltige Keimling, der leicht ranzig werden kann, entfernt wurde. Beim Verbrennen von 100 Gramm Mehl der Type 405 fallen 405 Milligramm Asche an, bei der Type 815 sind es entsprechend 815 Milligramm Asche. Weizenmehl ist bis zur Type 1700 erhältlich, bei der wegen des hohen Kleieanteils 1700 Milligramm Asche anfallen. Österreichische Benennungen sind nicht am Ascherückstand orientiert. Außer den Typen W480, W700, W1600 und Vollkornmehl wird dort auch noch in die Korngrößen glatt, universal, griffig und doppelgriffig unterschieden.

Gesiebt werden alle diese Mehle aber schon in der Mühle, sodass man sich diesen Arbeitsschritt zu Hause ersparen kann.

Mehlschwitze ist eine eklige Pampe und in der gehobenen Küche verpönt

Allein das Wort »Schwitze« lässt an dicke Köchinnen denken, die stark transpirieren und die es mit der Lebensmittelhygiene nicht so genau nehmen. Entsprechende Bemerkungen kursieren in meinem Bekanntenkreis und außerdem lässt sich diese Empfindung auch in zahlreichen Chatrooms nachlesen, wobei es eine Frage der Prioritäten ist, was man ekliger findet, die Speise oder die Sprache. Die Unfähigkeit, eine Mehlschwitze herzustellen, geht offensichtlich mit einer gewissen Grammatikschwäche einher. Eine »Simone«, deren Nachnamen ich nicht nennen möchte, bedauert jedenfalls: »Ich koche gerne, aber ne Mehlschwitze hab ich noch nie wirklich gut hinbekommen, meine schmeckten alle nix. Bin gespannt auf den anderen ihre Tipps.« Und eine Frau, die sich »Paulinsche« nennt, findet »allein das Wort MehlSCHWITZE unheimlich eklig«.

Tatsächlich bedeutet das althochdeutsche Wort »sweizen«, das dem »schwitzen« zugrunde liegt, nichts anderes als »heiß machen«.[163] Das kann man sogar als germanistischer Laie gut nachvollziehen. Die Bezeichnung »Einbrenne« macht die Soßengrundlage, um die es hier geht, auch nicht sympathischer. Sie lässt an endgültig zerstörte Topfböden und unangenehme Gerüche denken, die sich tagelang halten. Amateurköche plagt ohnehin häufig die Erinnerung an ihren ersten, ihren zweiten und ihren dritten Versuch, eine Béchamelsoße herzustellen. Bei einer Béchamelsoße handelt es sich um nichts anderes als um eine helle Mehlschwitze. »Erfunden« hat sie im 17. Jahrhundert ein Bankier namens Louis de Béchamel, der von Ludwig dem Vierzehnten (nach entsprechenden Zahlungen) zum Marquis de Nointal geadelt wurde. Wie viele Adelige seiner Zeit, etwa der Herzog von Mayenne (1554–1611) oder der Earl of Sandwich (1718–1792), vertrieb er sich seine Zeit als Hobbykoch und verwendete seine ganze Energie darauf, seinen Namen mit einem bestimmten Gericht zu verknüpfen. Mit seinem um 1730 unter dem Pseudonym Le Bas erschienenen Büchlein *Sur l'art de cusinier*, in dem er die helle Einbrenne beschrieb, ist es ihm gelungen.[164]

Amateurköche erinnern sich oft sehr gut daran, dass alle drei Versuche kläglich gescheitert sind. Familie, Freund oder Freundin waren so gnädig zu bemerken, das könne jedem mal passieren, und haben ihre Lasagne, ihr Hackfleisch und ihren Hummer in ihrer Not in Ketchup ertränkt. Die meisten Alltagsköche sind deshalb dazu übergegangen, Béchamelsoße aus einer Fertigpackung zu verwenden. Die gelingt immer (wenn man sich nicht ganz ganz dumm anstellt) und beim Misslingen kann man einen großen Lebensmittelkonzern dafür verantwortlich machen.

Das Problem, mit dem Köche bei der Mehlschwitze zu kämpfen haben, besteht im Verkleben von Stärkekörnern. Bevor sie Wasser aufnehmen und damit die Soße binden, also andicken können, kann es passieren, dass sie sich zusammenrotten und unauflösbare Verbindungen eingehen. Es entstehen dann die gefürchteten Klümpchen: auf Gabel oder Löffel unästhetisch und im Mund eklig. Einige der Stärkekörnchen sind dabei rundum von ihresgleichen umhüllt und haben keine Verbindung mehr zur umgebenden Flüssigkeit. Die Stärke aus Mehl oder Kartoffeln bleibt trocken, quillt nicht, sieht unschön aus und sorgt für einen stumpfen Geschmack. Die Stärke muss, wenn das nicht passieren soll, verteilt werden. Fachleute sprechen von »dispergieren«. Erst dann sollte sie erhitzt und damit zum Quellen gebracht werden. Zwei Methoden stehen zur Auswahl, um die Stärke zu verteilen. 1. Anrühren in kalter Flüssigkeit, 2. Anrühren in heißem Fett oder Öl. Henriette Davidis empfahl die Zubereitung von »Schwitzmehl« nach folgender Methode: »Man lässt 1 Eßlöffel Butter in einer Pfanne kochen [kochen?], gibt 1 Löffel Mehl hinein und rührt so lange, bis es kraus wird und sich hebt. Das Mehl muss gar sein [gar sein?], aber nur gelblich werden. Wasser oder Bouillon, was man dazurührt, muss kochend sein [kochend sein?].«[165] Nicht gerade klar formuliert von der Kochbuchautorität. Zumindest Letzteres ist eine Mär (siehe dazu auch »Bratensatz muss mit kochend heißem Wasser abgelöscht werden«). Alternativ zur Mehlschwitze lässt sich eine Soße natürlich auch mit Kartoffelstärke binden, die beim bekanntesten Produkt folgende Inhaltsstoffe enthält: Stärke, Milchzucker, Maltodextrin, Reismehl,

Ammoniak-Zuckercouleur (E 150 c), Emulgator, Mono- und Diglyceride von Speisefettsäuren.

Mikrowellenöfen garen Speisen »von innen heraus«

Mikrowellen sind elektromagnetische Wellen im Frequenzbereich von 109 bis zu 2450 Megahertz (MHz). Das heißt, sie schwingen 109 bis 2450 Millionen Mal in der Sekunde. Sie werden im Mikrowellenofen im sogenannten Magnetron erzeugt; Physiker sprechen auch vom Leistungsoszillator. Treffen Mikrowellen auf Wassermoleküle, dann orientieren sich die Wassermoleküle im Mikrowellenfeld. In kürzester Zeit, bei 2,45 Gigahertz genau 4,9 Milliarden Mal (!), wird die Mikrowellenpolung geändert. Das ist sehr sehr oft. Die Wassermoleküle müssen sich umorientieren, um kurz darauf schon wieder in eine andere Richtung getrieben zu werden. Dabei wird die elektromagnetische Energie in Wärme umgewandelt.

Dabei ist es wichtig zu wissen, dass Mikrowellen Wassermoleküle nicht dazu bringen, sich aneinander zu reiben. Wassermoleküle sind keine Handflächen, die durch Reibung (Friktion) erwärmt werden können. Was passiert, ist Folgendes: Die Moleküle im feuchten Lebensmittel richten sich wie eine Magnetnadel vorwiegend zum stärksten elektrischen Feld aus, das in ihrer Nähe ist. Das schaffen sie, selbst bei 2,45 Gigahertz. Dabei rempeln sie ihre Nachbarmoleküle an, die ihrerseits ihre Nachbarn anrempeln und so weiter. Dieses Anrempeln aber ist keine Reibung. Die Bewegung der Moleküle selbst nennt man Wärme. Der Vorgang ist, weil man ihn nicht sehen kann, für Viele so schwer erklärlich, dass sie der Meinung sind, Lebensmittel würden mit dieser Technik »von innen gegart: Die Mikrowellen dringen tief in die Speisen ein, bevor sie von den Wassermolekülen absorbiert werden.«[166]

Der Fehler bei dieser Vorstellung: Die Wellen dringen von außen nach innen in die Speisen ein. Auch in den äußeren Bereichen jeder Speise befindet sich normalerweise Wasser. Dieses wird natürlich zuerst erwärmt. Richtig ist also: Mikrowellen erwärmen Speisen von außen nach innen, sofern sie überall Wasser enthalten. Mikrowellen dringen bei üblicher Stärke nicht tiefer als drei Zentimeter in wasserhaltige Speisen ein. Alles, was tiefer liegt, muss durch banale Wärmeleitung erwärmt werden. Richtig ist allerdings auch, wenn Silke Maier schreibt, sie »dringen in das Essen ein und erwärmen dieses rasch, indem sie seine Wassermoleküle in Bewegung bringen«.[167]

Wie Licht- und Radiowellen, ihre »Geschwister«, können Mikrowellen nicht von selbst um Ecken herumbiegen. Deshalb dreht man ihnen die zu erhitzenden Speisen immer zu, am einfachsten mit einem simplen Elektromotor. Lebensmittel haben aber nicht an jeder Stelle denselben Wassergehalt. Deshalb kann es zu einer ungleichmäßigen Erwärmung kommen. Um das zu vermeiden, sollte man, zur besseren Nutzung der Wärmeleitung innerhalb der jeweiligen Speise, mit möglichst geringer Leistung garen. Damit werden auch die »Hotspots« vermieden. Das sind wesentlich heißere Stellen gegenüber der Gesamterwärmung, die zu dem Irrtum geführt haben, Mikrowellen erhitzten Speisen von innen heraus. Es gibt Menschen, die befürchten, durch Mikrowellen würde die molekulare Struktur der erhitzten Speisen verändert. Das wiederum führe zu einer Veränderung im aufnehmenden Organismus, also im Menschen. Beide Vermutungen kann ich bestätigen. Die Moleküle ändern sich, zwar nicht im chemischen, aber im physikalischen Sinn: Sie tanzen umeinander. Man nennt es Garen. Im Körper aber verändern die kaum noch tanzenden Moleküle so einiges. Man nennt es Nährstoffzufuhr oder schlicht: essen.

In diesem Zusammenhang muss auch über den Irrtum aufgeklärt werden, dass Mikrowellen mehr als andere

Erwärmungstechniken Vitamine zerstören. Tatsache ist, dass jede Erwärmung zur Verringerung des Gesamtvitamingehalts eines Lebensmittels führt, auch wenn manche Vitamine durch das Erhitzen überhaupt erst für die Verdauung verfügbar gemacht werden. Im Vergleich mit anderen Garmethoden schneidet die Mikrowelle allerdings positiv ab. Das gilt besonders fürs Auftauen. Außer in privaten oder gewerblichen Küchen spielen Mikrowellen auch bei der industriellen Lebensmittelherstellung eine große Rolle. Sie werden zur Trocknung von Nudeln, Pilzen, Müsli und Knäckebrot eingesetzt sowie zur Haltbarmachung von Milch, Bier und Schnittbrot. Deshalb kann auf der Packung wahrheitsgetreu und werbend vermerkt sein »ohne Konservierungsmittel hergestellt«.

Spül- und Putzlappen sind beliebte Aufenthaltsorte für Bakterien und Viren. Es ist dort warm und feucht und es gibt jede Menge zu knabbern. Ein beliebter Küchentipp ist es deshalb, diese Lappen durch kurzes Bestrahlen mit Mikrowellen zu sterilisieren. Und es stimmt: Nach zwei Minuten sind Bakterien und Viren tot, nach vier Minuten auch deren Sporen. Das passiert aber nicht durch die Strahlung, sondern schlicht und einfach durch die Hitze. Ohne, dass Wasser im Spiel wäre, würden die Bakterien auch diese Bestrahlung überleben. Bei 99 Grad aber halten die für Mensch und Tier gefährlichen Lebewesen einfach nicht durch. Es ist also genauso möglich, Putz- und Spüllappen einfach in die Waschmaschine zur Kochwäsche zu geben oder in einem Topf auszukochen, auch wenn das nicht so schön futuristisch anmutet.

Muscheln soll man nur in Monaten mit »R« essen

In Brüssel kann man das ganze Jahr über Muscheln essen: im sonnigen Mai, in den warmen Monaten Juni und Juli und im heißen August. In allen anderen Monaten sowieso. Nicht nur in Brüssel, mittlerweile auch in Paris und in anderen Städten in Belgien und Frankreich werden das ganze Jahr über »Moules« serviert, bevorzugt in Kombination mit den beliebten Pommes frites als »Moules aux frites«. Eine Restaurantkette, die aus einer 1893 gegründeten Pommes-frites-Braterei hervorging, macht's möglich. Sie verarbeitet sechs Tonnen Muscheln *täglich* und kann dadurch immer frische Ware garantieren, auch im Sommer. In ganz Europa werden jährlich etwa 300 000 Tonnen Muscheln verzehrt. Die Muscheln werden spätestens 48 Stunden nach dem Fischen serviert (ja, auch das Aufsammeln von Muscheln nennt man Fischen, auch wenn gelegentlich das Wort »Ernten« verwendet wird). Wir sprechen hier übrigens nur über Miesmuscheln (Mytilus), auch Pfahlmuscheln genannt, nicht über Jacobsmuscheln, Klaffmuscheln, Venusmuscheln, Austern oder andere ebenfalls auf Tellern landende Muschelsorten. Gekühlter Transport und kühle Lagerung machen es möglich, heute auch bei geringerem Umsatz Muscheln anzubieten. Da eine ausgefeilte Logistik nötig ist, um die lebenden Muscheln innerhalb von 48 Stunden von den Wasserkulturen in der Nordsee aus auf den Teller zu bringen, hält sich das Angebot in Deutschland allerdings in Grenzen.

Behauptungen, dass Muscheln nur in den Wintermonaten eine ausreichende Größe erlangen, entbehren jeder Grundlage, da Muscheln ohnehin zwei bis drei Jahre alt werden müssen, um Verzehrgröße zu haben. Eine andere Begründung für die Empfehlung, im Sommer keine Muscheln zu essen, hängt mit deren Vermehrungsverhalten zusammen. Miesmuscheln laichen im Mai. Nach diesem Vorgang fehlen ihnen angeblich die »Geschlechtszellen«, außerdem seien sie danach sowieso ziemlich abgemagert, »ausgepowert«, formuliert es Professor Friedrich Buchholz von der Biologischen Anstalt Helgoland[168] und gibt damit eine weitere Erklärung für die R-Regel.

In einer anderen Erklärung wird behauptet, dass die im Sommer auftretenden giftigen Algen einem Verzehr entgegenstehen. Muscheln ernähren sich unter anderem von Algen. Jede einzelne filtert pro Stunde zwei Liter Meerwasser. Das im Sommer verstärkte Gift dieser Algen konzentriert sich also in den Muscheln. Die sogenannte Algenblüte wird durch Dinoflagellaten hervorgerufen: »Dann reichern die Muscheln das für den Menschen gefährliche Gift dieser ›Dinos‹ an. Inzwischen versucht man durch vorsorgliche Rückstandskontrollen die Gefahr zu bannen.«[169] Offensichtlich mit Erfolg, wie man an dem belgischen Beispiel erkennen kann. Sowohl die Anreicherung des Wassers mit diesem Algengift als auch die Muscheln selbst werden ständig auf ihren Schadstoffgehalt überprüft.

»Chefkoch Norbert« ist ohnehin der Meinung: »Muscheln, die aus sauberen Gewässern kommen, kann man vom 1.1.–31.12. genießen, das kann ich als alter Bretagne-Fan blind unterschreiben.«[170]

N

Natron ist ein universeller Küchenhelfer

Christian Holste tupft sich täglich Natron unter die Achseln. Das macht er mit einem Schwämmchen und schwört darauf, dass er seinen Mitmenschen auch im Hochsommer nicht unangenehm auffällt. Die Neutralisierung von Körpergerüchen durch Natron führt er darauf zurück, dass es überschüssige Säure neutralisiere. Wo andere von einem Säureschutzmantel sprechen, geht Holste also von einem Basenschutzmantel der Haut aus.

Schweiß enthält die geruchsintensive Buttersäure. Durch Natron wird diese Säure und damit auch der Geruch neutralisiert. Für Natron hat Christian Holste als Hersteller des in Deutschland bekanntesten Markenprodukts noch einige andere Verwendungen auf Lager: Wenn man etwas Natron ins Wasser gibt, behält Gemüse beim Kochen seine Farbe. Gemüse ist mit zugegebenem Natron bekömmlicher. Unangenehme Kochgerüche werden durch Natron gemildert. Eiklar lässt sich nach Zugabe von Natron leichter zu Eischnee aufschlagen. Kohl und Hülsenfrüchte werden schneller weich. Natron hilft bei Sodbrennen. Natron verhindert Aufstoßen. All das wird mit jeweils einer Messerspitze Natron bewirkt. Eine Messerspitze ist, um die Pedanten zu beruhigen, etwa ein Viertel Gramm. Natron scheint ein reines Wundermittel zu sein. Sollten wir nicht einfach immer und überall Natron verwenden? Christian Holste sähe das sicher gerne, er verdient sein Geld damit. Und ein großer Schaden würde auch nicht entstehen. Chemiker nennen die Substanz Natriumhydrogenkarbonat ($NaHCO_3$). Was Natron wirklich macht, ist Folgendes: Natron ist schwach alkalisch oder basisch. Basen sind das Gegenteil von Säuren. Natron neutralisiert deshalb Säuren in dem Maß, in dem sie zuvor vorhanden waren. Aber nun zu den einzelnen Wirkungsweisen von Natron:

Warum erhält Natron die grüne Farbe von Erbsen und Bohnen?

Das Grün von Gemüsen heißt Chlorophyll (E 140. Ja, auch natürliche Stoffe haben eine E-Nummer). Es entsteht bei der Photosynthese beim Wachsen der Pflanzen durch Sonneneinstrahlung. Im Zentrum des Chlorophyll-Moleküls sitzt ein Magnesiumion. Durch Säure wird das Magnesiumion verdrängt und die grüne Farbe geht verloren. Weil viele Gemüse selbst Spuren von Säuren enthalten, die beim Kochen gelöst werden, verlieren sie dabei automatisch die grüne Farbe. Die schönen grünen Erbsen werden zu einer unansehnlichen grauen Pampe. Durch Zugabe von Natron lässt sich dieser Effekt verringern oder ganz ausschalten. Außerdem wird die Garzeit deutlich verringert und die Verdaulichkeit verbessert.

Warum werden Gerüche, unter anderem Kochgerüche, durch Natron verringert?

Die geruchsbindende Wirkung beruht vorwiegend auf der großen Oberfläche der Natronteilchen. Hinzu kommt eine Neutralisierung von Säuren (Buttersäure, Milchsäure). Gegen andere strenge Gerüche wirkt Natron einfach nicht.

Warum lässt sich Eischnee leichter aufschlagen?

Natron verringert den pH-Wert des Eiklars. Diese »künstliche Alterung« führt tatsächlich zu einem schnelleren Steifwerden des Eischnees.

Warum wird Karamellmasse lockerer?

Die Wirkung beruht auf der durch Natron gebildeten Kohlensäure. Die Bläschen lockern, wie beim Backen, die Masse auf.

Da Natron Säuren neutralisiert, ruft es die Vitaminerhaltungsfraktion auf den Plan. HALT! schallt es von dort, Natron zerstört doch das wertvolle Vitamin C! Tatsächlich passiert Folgendes: Natron neutralisiert die Ascorbinsäure. Im Magen wird dieser Vorgang durch die dort vorhandene Salzsäure wieder rückgängig gemacht und die Ascorbinsäure wieder freigesetzt. Außerdem besteht an Vitamin C in Mitteleuropa durchaus kein Mangel. Es gibt also keinen Grund, weshalb Sie graue Erbsen essen sollten. Wegen der teilweisen Neutralisierung von B-Vitaminen durch Backpulver, das auch vorwiegend Natriumhydrogenkarbonat enthält, empfehlen Vitaminjunkies, auch beim Backen kein oder wenig Backpulver zu benutzen. »Wenn es möglich ist, sollte man Hefe als Backmittel für Frühstücksbrot, Pfannkuchen und Brötchen nehmen.«[171] Mit Hefe aber erhält man völlig andere Backwaren und wer will schon immer Hefeteilchen essen? Natron ist also kein universeller Küchenhelfer, sondern einer, der gezielt eingesetzt werden muss.

Niedriger Luftdruck lässt Aromen stärker zur Geltung kommen

Hier handelt es sich um einen moderneren Küchenirrtum, der aus der molekularen Gastronomie kommt. Man stelle sich den Aufwand vor: Sie begeben sich mit einigen Materialkoffern, gefüllt mit Küchengerät und frischen Rohstoffen, ins Hochgebirge auf wenigstens 8000 Meter Höhe. Dort herrscht ein Luftdruck von 0,4 bar, bei dem Wasser nicht heißer als 74 Grad werden kann. Wenn Sie weniger sportlich sind, reicht auch ein Aufstieg auf den Montblanc (4809 Meter), auf dem bei einem Luftdruck von 0,5 bar das Wasser immerhin schon bei 84 Grad siedet.[172] Sie installieren also auf dem Berggipfel Ihrer Wahl Ihre Küche und bereiten das aromatischste Menü Ihres Lebens zu, vorausgesetzt, die frischen Rohstoffe sind nach den Strapazen des Aufstiegs noch als Lebensmittel erkennbar.

Kosten für die ideale Hochgebirgsexpedition im Himalaja: etwa 7800 Euro + 7500 Euro Besteigungsgenehmigung = 15 300 Euro.

Es geht aber auch etwas weniger aufwendig, allerdings mit etwas Trinkwasserverschwendung: Von einem Drucktopf älterer Bauart wird das Sicherheitsventil entfernt. Bei neueren Modellen ist das kaum möglich. An die jetzt offene Stelle wird ein wenigstens 1 Meter langer Plastikschlauch angeschlossen, der zum Wasserhahn führt. Dort ist ebenfalls eine Sonderkonstruktion angebracht, nämlich eine im Laborbedarfshandel erhältliche Wasserstrahlpumpe, die im Drucktopf einen leichten Unterdruck erzeugt. Kosten für die Wasserstrahlpumpeninstallation: zerstörter Drucktopf: 200 Euro, Wasserstrahlpumpe der billigsten Bauart: 45 Euro. Der Wasserverbrauch pro Gericht (200–600 l/h) fällt bei 1,42 Euro/Kubikmeter finanziell nicht einmal ins Gewicht.[173] Er liegt bei 0,28–0,85 Euro.

Das Ergebnis in beiden Fällen: Ein für die meisten Menschen sicher nicht wahrnehmbarer Geschmacksunterschied. Es entwickeln sich Aromen, für die kaum einem menschlichen Wesen ein Sensorium zur Verfügung steht. Ich habe keinen der beiden Versuche unternommen. Mein Urteil gründet daher auf reiner Spekulation. Nicholas Kurti war auch nicht im Hochgebirge, er hat aber die beschriebene Versuchsanordnung mit Wasserstrahlpumpe entwickelt, diese auch getestet und schwört auf den »anderen« Geschmack.[174] Die Theorie beruht auf der schonenden Zubereitung bei niedrigen Temperaturen. Eine Speise, die nicht mit voller Hitze, also bei nahezu 100 Grad gekocht werden kann, entwickelt bei längeren Kochzeiten andere Aromen als eine schnell gegarte. Die Behauptung ist nachvollziehbar. Nicht nachvollziehbar ist die Art der Aromen, die bei dieser Garmethode entstehen sollen. Leicht zu überprüfen sind dagegen die Aromen, die entstehen, wenn man einen Druckkochtopf in der Weise verwendet, für die er ursprünglich gedacht war. Nach meinem Geschmack ist eine Aromenveränderung kaum zu bemerken. Will man Speisen aber scheinbar schonender und so zubereiten, dass eine stärkere Bildung von Aromen provoziert wird, frage ich mich, warum man nicht einfach den Temperaturregler am Herd nutzt. Nicht immer gibt das, was als »molekulare Gastronomie« derzeit Mode ist, tatsächlich Aufschluss über tatsächliche molekulare Vorgänge der Nahrungszubereitung.

Nudeln müssen in sprudelndes Wasser gegeben werden

»Was machst duuu denn da?« Das Entsetzen meiner Frau war nicht gespielt. Ich hatte die Nudeln in kaltem Wasser aufgesetzt. Jetzt ließ ich sie bei leichter Hitze, allenfalls 80 Grad, mit schräg aufgelegtem Topfdeckel garen. Meine Frau prophezeite matschige Nudeln, nicht gar, alle aneinanderpappend. Ich werde schon sehen. Nudeln, erklärte sie mir, müssen in kochendes Wasser gegeben werden, während der ganzen Garzeit müsse das Wasser sprudeln und einen Deckel dürfe man auf keinen Fall auf den Topf legen. »Das weiß doch jedes Kind!«

Sie hatte recht. Diese wenigen Nudelkochweisheiten – eine Kunst ist es ja wirklich nicht, Nudeln zu kochen – werden seit Generationen überliefert. Bei Kochkursen für Kinder stehen sie an erster Stelle. Heute werden solche Tipps auch in Chatrooms und Internet-Küchenforen weitergegeben, zum Teil sogar in solchen, die sich, wie ein Forum für alle Berufsgruppen der Tiermedizin, um anderes kümmern sollten, darunter auch um die Rechtschreibung: »nudeln in kaltem wasser aufgesetzt werden zb nie richtig aldente, auch immer die wassermenge beim kochen beachten, sie sollen kochen und nicht dünsten.«[175] Man versteht trotz offensichtlicher Lese-Rechtschreibschwäche des Autors, was er empfehlen möchte. Ein Mensch, der sich selbst als »Besserwisser« bezeichnet, weiß zum Thema Nudeln aber auch nichts Besseres als dies: »Wenn Nudeln in kaltes Wasser gegeben werden, nehmen sie schon Wasser auf und quellen, bevor sie eigentlich gekocht werden. Bis das Wasser dann heiß ist, sind die Nudeln schon labbrig. Daher auch immer richtig viel Wasser nehmen, damit die Nudeln das heiße Wasser nicht allzu sehr abkühlen können.«[176]

Mich interessierte, ob diese und andere Nudelweisheiten tatsächlich auf Notwendigkeiten beruhen oder vielmehr auf Missverständnissen, Irrtümern, unbegründeten Traditionen, alten Kochtechniken oder was auch immer. Und ich fand heraus: Die auch von mir bisher geglaubten Nudeldogmen stammen offensichtlich aus einer Zeit, in der Nudeln noch meistens frisch zubereitet wurden. Manche Regel hat hier durchaus einen Sinn. Beim Zubereiten dessen, was man heutzutage vorwiegend als Nudeln bezeichnet, sind sie dagegen völlig überflüssig.

Trockennudeln sind neben der Erbswurst eines der am frühesten entwickelten Fertiggerichte.[177] Trockennudeln wurden angeblich im 13. Jahrhundert für süditalienische Schiffsmannschaften entwickelt. Das klingt plausibel.[178] Trockennudeln bilden die Nahrungsgrundlage für unzählige Faulpelze, zu denen auch ich mich zähle. Wasser erhitzen, Nudeln hineinkippen, zehn Minuten warten, währenddessen eine Fertigsoße erhitzen, beides zusammen servieren, essen. Eine Idealspeise auch für Hektiker, die glauben, sie könnten während der Essenszubereitung irgendetwas anderes verpassen und würden ihre Zeit mit Kartoffelschälen oder Nudelteigzubereitung verplempern. Dass jede Minute des Kochens eine Steigerung der Lebensqualität bedeutet, wird den Kochmuffeln nicht einleuchten.

Nudelhersteller haben den Trend erkannt und bemühen sich, die Quellzeit für Nudeln noch weiter zu verringern. Die Dreiminutennudel ist schon zu kaufen, die Fünfsekundennudel, die nur mit kochendem Wasser übergossen werden muss, ist auch schon erfunden. Sie befindet sich in Fertigsuppen für ganzganz Eilige. Die Nudel wird in einem Vakuum getrocknet, um einen fest definierten Anteil für die eingeschlossene Luft zu erhalten. Das ist nötig, um ihr eine optimale Schwimmfähigkeit zu geben, nicht zu viel, damit sie nicht an der Oberfläche der Suppe schwimmt, nicht zu wenig, damit sie nicht auf den Boden des Plastiknapfs sinkt. Nachdem sie anschließend mit Wasserdampf vorgegart wurde, wird die Instantnudel in Mikrowellen und Heißluft getrocknet. Solche Nudeln sind ungeheuer tolerant gegenüber Erhitzungszeiten. Dasselbe gilt für Restaurantnudeln, die allerdings, anders als die Instantnudeln, eine große Toleranz beim Warmhalten aufweisen. Dazu werden sie mit Natriumdiphosphat und Dikaliummonophosphat behandelt. Durch Emulgatoren, Bindemittel und Ascorbinsäure wird den Nudeln keine Chance mehr gegeben, auf den Tellern pappig zu werden[179].

Zurück zur Privatküche: Nudeln müssen tatsächlich nicht bei hoher Temperatur garen. Die enthaltenen Eiweiße (Proteine) Gliadin und Glutenin nehmen schon bei etwa 60 Grad Wasser auf und nur darum geht es bei der Zubereitung. In der Nudelfabrik wird der Nudelteig zubereitet (mit oder ohne Ei ist eine Frage der Ideologie, siehe dazu auch »Pasta wird in Italien niemals mit Ei hergestellt«), in tausenderlei Formen gebracht und anschließend getrocknet. Legt man Nudeln in kaltes Wasser, quellen sie, die Masse kann zwar nicht gegessen werden, aber man kann sie mit einer Gabel zerdrücken und in jede beliebige neue Form bringen (ein Trick für Faule, die »handgemachte Nudeln« servieren möchten). Der Vorteil für die Verbraucher, den es schon seit Jahrhunderten gibt:

Nudeln sind fast unbegrenzt haltbar und deshalb immer vorrätig zu halten.

Für den Erfolg von Nudeln in der modernen Küche ist auch ihre geschmackliche Neutralität verantwortlich. Nudeln schmecken fast nach gar nichts. Sie sind deshalb die idealen Träger für die leckersten Soßen.

Vielleicht wollen Sie sich jetzt hinsetzen, um einen empörten Leserbrief zu schreiben, in dem Sie mir erklären, dass Sie sich ein halbes Jahrhundert an die goldene Nudelkochregel gehalten und immer beste Ergebnisse erzielt haben und das auch ein weiteres halbes Jahrhundert zu tun gedenken – um mir im Gegenzug nachzuweisen, dass ich vom Nudelkochen nicht das Geringste verstehe und von allem anderen wahrscheinlich auch nicht. Lassen Sie es! Nutzen Sie die Zeit lieber, um ein einziges Mal Nudeln auf die oben beschriebene einfache Weise zuzubereiten. Sie werden sehen: Es klappt!

Ich habe meine Beobachtung einmal im Kreise italienischer Handwerker zum Besten gegeben. Das war ein Fehler. Ihre jeweilige Mama (die jeweils beste Mama der Welt, womit Italiener keinerlei ontologische Schwierigkeiten haben) bereite die Pasta immer so zu, wie sie seit Menschengedenken zubereitet werde: in sprudelndem, gesalzenem Wasser, ohne Deckel und natürlich nur so lange, bis sie noch knapp bissfest ist. Meine neumodische Pastamethode könne gar nicht funktionieren, sonst hätten ihre Mamas das doch gewusst, behaupteten meine Gesprächsgegner. Mein Beitrag zur Kochtechnik wurde als persönlicher Angriff auf sieben Mamas gewertet und ich wundere mich bis heute, dass ich nicht mit einem Betonklotz an den Füßen auf dem Grund des Tibers landete.

Nudeln verkleben nicht, wenn man Öl ins Wasser gibt und wenn man keinen Deckel auf den Topf legt und wenn man sie nach dem Kochen abschreckt

Das sind gleich drei Irrtümer auf einmal. Alle gilt es, hier zu widerlegen. Wie bereite ich Nudeln zu? Nudeln ins (kalte) Wasser, Deckel drauf, einmal zum Kochen bringen, zehn Minuten ziehen lassen, Wasser abgießen, servieren. Warum ich den Deckel auf den Topf lege? Einerseits hilft es, Energie zu sparen, aber darauf kommt es mir in diesem Fall nicht einmal an. Das Wichtigste ist, dass ich mit einem geschlossenen Topf wesentlich weniger Dampf in die Küchenluft bringe. Ich muss weniger schwitzen, kann besser sehen und ärgere die Schimmelpilze, die sich schon so auf eine schöne Ladung gut verteilter Luftfeuchtigkeit gefreut hatten.

Eine nur in Deutschland verbreitete Sitte ist es, Öl ins Nudelwasser zu geben. Dadurch kleben, einem strengen Aberglauben zufolge, die Nudeln nicht zusammen. »Damit die Nudeln beim Kochen nicht verkleben, kann man ein bis zwei Esslöffel Öl ins Wasser geben«, empfiehlt jemand im Internetforum »Fleischlos glücklich«.[180] Da Öl und Wasser nur nach schnellem Quirlen eine Emulsion bilden, das Öl beim Nudelwasser aber einfach obenauf schwimmt, ist überhaupt nicht einzusehen, warum dieses obenauf schwimmende Öl die darunter tauchenden Nudeln davon abhalten sollte, zusammenzukleben. Ein Wahn!

Eine andere Begründung für das Aufbringen einer Ölschicht aufs Nudelwasser ist die Vorstellung, das Wasser würde dann nicht überkochen. Keiner sagt, weshalb nicht. Gegen das Überkochen von Nudelwasser soll auch ein Kochlöffel helfen, der quer über den Topf gelegt wird. Darauf, ob man die konkave oder die konvexe Seite nach unten legt, wird in den zahlreichen Kochbüchern, die dies empfehlen, leider nicht eingegangen. Ebenso wenig auf die Holzart und das Alter des Holzschnitzers. So was will man aber doch wissen, wenn man den Zauber korrekt befolgen will!

Und das Abschrecken? Nach der Anweisung, Nudelkochwasser müsse immer und am besten kräftig sprudeln, ist das Abschrecken der Nudeln mit kaltem Wasser die zweithäufigste Anweisung, die noch immer in Kochbüchern und Rezeptsammlungen verbreitet wird. Der Grund des Abschreckens? Keiner weiß es! Das macht man eben so. Die Nudeln werden dadurch kalt und wenn man bis hierher alles richtig gemacht haben sollte, ist dies die Gelegenheit, das ganze Essen zu einem kalten, faden Klumpen zusammenzukleben. Einige vermuten dagegen, sie würden mit dem Abschrecken klebende Stärke von der Oberfläche der Nudeln abwaschen und damit ein nachträgliches Zusammenpappen verhindern. In Frauenfachzeitschriften wird das Für und Wider des Nudelabschreckens ausführlich diskutiert: »Abgeschreckte Nudeln nehmen weniger Würze an«, heißt es unter anderem. Und warum? »Wollen Sie Nudeln gut würzen, dann nach dem Garen nicht abschrecken. Sonst werden sie zu glatt, sodass Würzzutaten nicht mehr haften. Damit nichts aneinander klebt, lieber Öl oder Butter ins Kochwasser geben«.[181] Gut, dass zumindest die letzte Empfehlung überhaupt nichts bewirkt.

Ursprung der Abschreckmethode ist die Idee, den Garprozess zu stoppen, um die Nudeln nicht zu weich werden zu lassen.[182] Abgekühlt werden sie dadurch aber nur an der Oberfläche. Der Nachgarvorgang, wenn man bei der kurzen Garzeit überhaupt davon sprechen kann, findet nach dem Abschrecken im Inneren trotzdem statt. Bei einer Niedrigtemperaturgarmethode ist es aber für die Konsistenz ganz egal, ob die Nudeln langsam von 70 Grad aus herunterkühlen oder sofort auf die ideale Esstemperatur von 40 Grad gebracht werden.

Nudeln dürfen nur in Salzwasser gekocht werden

Ein weiterer Glaubenskrieg ist um das Salzen des Nudelkochwassers entbrannt. Ein großer italienischer Nudelhersteller meint, seinen Kunden empfehlen zu müssen: »Wenn man das Wasser zu spät salzt, dringt das Salz nicht richtig in den Teig der Pasta ein, während ein vorzeitiges Salzen den Siedepunkt des Wassers erhöht und so die Zubereitungszeit verlängert.«[183] Richtig und in jedem Physikbuch nachzulesen ist, dass Salz den Siedepunkt des Wassers *erhöht*. Das ist eines der »Raoultschen Gesetze«. Als Raoultsches Gesetz werden verschiedene auf François Marie Raoult zurückgehende Gesetzmäßigkeiten der Thermodynamik bezeichnet. Was beim Salzen von Wasser allerdings *sinkt*, ist die spezifische Wärmekapazität. Man braucht pro Gramm *weniger* Energie, um die Lösung aufzuheizen. Ein Esslöffel Salz (20 Gramm) auf fünf Liter Nudelkochwasser erhöht den Siedepunkt um zwölf hunderstel von einem Grad. Ein Salz-Wasser-Gemisch lässt sich also unwesentlich schneller auf 100 Grad bringen als bloßes Wasser. Salzwasser kocht zwar erst bei 100,1 oder 100,2 Grad, hat also einen nur geringfügig höheren Siedepunkt, aber insgesamt bleibt ein winziger energetischer Vorteil, wenn das Salz gleich am Anfang zugegeben wird. Die Zubereitungszeit wird davon aber überhaupt nicht beeinflusst, es sei denn, man rechnet in Millisekunden.

In die Nudeln dringt auch tatsächlich ein Bruchteil des Salzes ein, das dem Wasser zugegeben wird. Allerdings ist für den leicht salzigen Geschmack vorwiegend das Salz verantwortlich, das beim Abgießen als feine Salzkruste auf den Nudeln verbleibt. Die Frage, ob es auch reicht, Nudeln nach dem Kochen und Abgießen zu salzen, kann leicht beantwortet werden: Ja. Das Salzen des Wassers hat allerdings den unschlagbaren Vorteil, dass man die Nudeln praktisch nicht versalzen kann. Egal, wie viel

Salz man ins Kochwasser gibt, es bleibt nur so viel Salz an den Nudeln, wie das allerletzte Abtropfwasser enthält, das dann verdunstet und die einzelnen Nudeln mit einer hauchdünnen Salzkruste versieht. Nur bei einer gnadenlos erhöhten Salzkonzentration würde sich daran etwas ändern. In einem Film, der 2005 im WDR-Fernsehen ausgestrahlt wurde,[184] gingen Thomas Kutschker und Axel Bach der Frage nach, »Wann sollte man das Salz dazugeben, damit die Nudeln schneller gar werden?« Sie stellten 700 Milliliter Wasser einmal ohne Salz, einmal mit zehn und einmal mit 80 Gramm Kochsalz auf. Das Wasser ohne Salz siedete bei 99,0 Grad.[185] Das Wasser mit 10 Gramm Salz siedete bei 99,3 Grad und das mit 80 Gramm Salz bei 101,3 Grad. Der Siedepunkt von einem Liter erhöht sich also um etwa 0,5 Grad, wenn darin ein Mol (das ist eine Mengeneinheit eines Stoffes) gelöst ist.[186] Für die alltägliche Kochpraxis bedeutet das: Geben Sie Salz zum Nudelwasser, wann immer Sie möchten, aber geben Sie Salz hinzu, denn sonst schmecken die Nudeln nach gar nichts.

O

Olivenöl ist »kaltgepresst« am besten

Der werbende Zusatz »kaltgepresst« auf dem Etikett Ihrer Olivenölflasche bezieht sich auf das Herstellungsverfahren. Die Früchte wurden bei niedriger Temperatur »gedämpft« und dann gepresst. Bei höheren Temperaturen ist der Pressvorgang wesentlich effektiver. Für die Qualität von Olivenöl ist die beim Pressvorgang herrschende Temperatur aber völlig irrelevant. Durch höhere Temperaturen gehen zwar wenige Geschmacksanteile verloren, es entstehen aber zusätzliche, unerwünschte Geschmacks- und Farbstoffe. Bei der anschließenden Raffination werden diese pflanzlichen Trübstoffe und die unerwünschten Farbstoffe durch Wasserdampf entfernt. Auch Schwermetalle, Pilzgifte und Rückstände von Pflanzenschutzmitteln und Lösungsmitteln werden dabei entfernt. Das Öl gilt dann aber als »raffiniert«, was unter Naturkostfreunden als Mangel angesehen wird. Raffinierte Öle sind hitzestabiler und haltbarer, schmecken aber weniger intensiv. Natürliche Schwankungen der Inhaltsstoffe, die von der Sorte, der Bodenqualität und dem Klima abhängen, sind größer als die Unterschiede, die sich aus den verschiedenen Gewinnungs- und Verarbeitungsarten ergeben. Kaltgepresstes Olivenöl besteht aus 77 Prozent einfach ungesättigten, 14 Prozent gesättigten und neun Prozent mehrfach ungesättigten Fettsäuren. Der erhoffte gesundheitliche Vorteil ungesättigter Öle besteht darin, dass sie den Cholesterinspiegel im menschlichen Körper senken oder halten sollen. Der Cholesterinspiegel wird seinerseits zu Unrecht für eine Einflussgröße des Herzinfarkts gehalten.[187]

Wärmebehandlung stellte die Stiftung Warentest 2005 allerdings auch bei vielen Ölen fest, die als »nativ extra« verkauft wurden.[188] Die schon recht alte europäische Verordnung EWG Nr. 136/66 unterscheidet neun Kategorien für Olivenöl.[189]

Kategorie	Produktbezeichnungen	Herstellungsverfahren	Bemerkungen
I–III	– Natives Olivenöl Extra – Natives Olivenöl – Gewöhnliches natives Olivenöl	Kaltgepresst und ohne übermäßige Temperatureinwirkung schonend hergestellt.	Optimal für den Verzehr geeignet.
IV	Lampantöl		Deutlich fehlerhaft. Nicht für den Verzehr geeignet. Muss raffiniert werden.
V	Raffiniertes Olivenöl		Typische Geschmacks- und Geruchsanteile des Olivenöls fehlen.
VI	Olivenöl	Mischungen aus raffiniertem Olivenöl (V) mit nativen Olivenölen der Kategorie I–III.	Das Mischungsverhältnis ist nicht vorgeschrieben, sodass der Anteil an nativem Olivenöl 1–99 Prozent betragen kann. Je höher der Anteil an nativem Olivenöl, desto intensiver ist der Geschmack. Aus rein wirtschaftlichen Gründen wird jedoch eine Beimischung von nicht mehr als 2 Prozent Anteil an nativem Olivenöl vorgenommen.
VII	Rohes Oliventresteröl	Aus dem Trester (fester Rückstand aus Kernen, Schalen und Fruchtfleischresten), der nach der Pressung der Oliven übrig bleibt, wird mithilfe von Lösungsmitteln (Hexan) der letzte Rest Öl gewonnen.	Das Öl ist zum Verzehr nicht geeignet!

Kategorie	Produktbezeichnungen	Herstellungsverfahren	Bemerkungen
VIII	Raffiniertes Oliventresteröl	Rohes Oliventresteröl, das nochmals raffiniert wird.	Das Öl ist ohne Geschmack.
IX	Oliventresteröl	Raffiniertes Oliventresteröl, das mit nativem Öl gemischt wird.	Zum Verzehr geeignet.

Laut Olivenöl-Verordnung der EU aus dem Jahr 2004 dürfen nur sensorisch fehlerfreie Öle »nativ extra« heißen.[190] Öle mit leichten Fehlern in Geruch und Geschmack dürfen nur »nativ« heißen.

Die Vermarktungsvorschriften für Olivenöl (Verpackung und Etikettierung) regelt außerdem seit November 2003 eine eigene EU-Verordnung. Darin heißt es: »Um die Echtheit der vermarkteten Olivenöle zu gewährleisten, ist es angezeigt, dass die Verpackungen für den Einzelhandel eine bestimmte Größe nicht überschreiten und mit einem geeigneten Verschluss versehen sind.«[191] Zugelassen sind für den Haushaltsverbrauch nur Verpackungen von bis zu fünf Litern. Diese Richtlinien dienen dem Schutz des Verbrauchers.

Die Bundesanstalt für Landwirtschaft und Ernährung formulierte in einem Merkblatt zur Vermarktung und Kennzeichnung von Olivenöl in der EU von 2006 nochmals ausdrücklich: »Nicht zulässig ist der lose Verkauf, d.h. die Abfüllung im Geschäft bzw. am Ort des Verkaufs, z.B. vor den Augen des Kunden in bereitgestellte oder mitgebrachte Gebinde. Ausnahmen von dieser Vorschrift sind nicht möglich.«[192] Ich frage mich bloß, wie die zahlreichen schicken Geschäfte mit losem Olivenölverkauf so sorglos am Gesetz vorbei existieren können. Bei Untersuchungen, die von der Stiftung Warentest im September 2005 und im Mai 2006 durchgeführt wurden, erwies sich jeweils ein Drittel aller Öle, die als oberste Qualitätsstufe verkauft wurden, als mangelhaft. Entweder wurden sie ohne Angabe wärmebehandelt (nicht schädlich, aber deklarierungspflichtig) oder sie enthielten Fremdstoffe. Bei einem Bio-Produkt fand man sogar den Kunststoff-Weichmacher Diethylhexylphthalat (DEHP). Wie er ins Öl gelangen konnte, ist noch immer ungeklärt.

Omas Küche war die beste

Dass Jugendliche und junge Erwachsene »nicht einmal in der Lage sind, einen Braten oder Rouladen zustande zu bringen«, hört und liest man immer wieder. Schlimm! Ich meine nicht die angebliche Unfähigkeit der Jugend, sondern die Behauptung, dass sie es nicht könnte. Ich behaupte dagegen: Als Oma jung war, konnte sie das auch noch nicht. Kochen gehört trotz hipper Fernsehaufbereitung noch immer nicht zu den Tätigkeiten, mit denen Jugendliche sich unter ihresgleichen beliebt machen könnten. Wie »Omas Küche« aussah, was und wie darin zubereitet wurde, wissen wir, weil alles restlos aufgegessen wurde, nur aus alten Kochbüchern.

Kochbücher »aus Omas Zeit« überliefern aber nur scheinbar traditionelle Rezepte. Stattdessen werden darin tatsächlich vorwiegend hochkomplizierte Vorbereitungsorgien beschrieben. Man lernt eine korrekte Methode für das Ausnehmen von Gänsen und Auerochsen oder die Beize eines längst ausgestorbenen bretonischen Backenbarschs. Die Rezepte für Familienfeiern im Kleinstadtformat stammen natürlich nicht aus der Zeit unserer tatsächlichen Großmütter. Unsere Großmütter konnten längst auf zahlreiche vorbereitete Lebensmittel zurückgreifen. Gemeint ist die Zeit unserer Urururoma. Oma, das weiß jeder, bevorzugte Fertiggerichte aus der Dose oder später aus der Tiefkühltruhe. Die gab's in ihrer Jugend nicht, aber die sind praktisch und es geht schnell und es sättigt und es kann nicht viel schiefgehen. Was

Oma kochte, konnte man essen, aber es gibt wenige, die darüber tatsächlich ins Schwärmen geraten. Aber vielleicht kenne ich auch einfach nur die falschen Omas.

Hier ein historischer Rückblick auf Urururomas Küche ohne Anspruch auf Vollständigkeit:

Die noch immer berühmteste deutsche Kochbuchautorin Henriette Davidis kochte Anfang des 19. Jahrhunderts mit einem holzgefeuerten Herd, allerdings auch schon mit Petroleum-, Spiritus- und Gaskochern. Als wichtigste Voraussetzungen für gutes Kochen beschrieb sie Reinlichkeit, Sparsamkeit, Aufmerksamkeit beim Feuern und Aufmerksamkeit für die Zutaten. Die Mengenangaben, die diese Köchin macht, schockieren heute etwas. Davidis rechnete in Schock, das sind fünf Dutzend oder vier Mandel, oder gleich in Groß, das sind zwölf Dutzend. Sie rechnete auch in Mandel, was, leicht auszurechnen, 15 Stück sind. Flüssigkeiten kommen bei ihr in Hektolitereinheiten zum Einsatz (immerhin 100 Liter). Mit Maßeinheiten wie einem Quentchen[193] (etwa 3,65 Gramm) hielt sich die berühmte Autorin nicht auf. Schließlich war ihr Motto: »Man braucht in Bezug auf die zu verwendenden Mengen nicht allzu ängstlich zu sein.«[194]

Auch die Gerichte, deren Zubereitung sie ausführlich beschreibt, wirken heute fremdartig. Neben Rezepten für Lungen-, Nieren- und Hirnsuppe gibt Henriette Davidis auch Anleitungen zum Kochen von Aalsuppe, Hechtsuppe, Mockturtlesuppe (Grundlage: ein großer Kalbskopf), Krammetsvögelsuppe (eine Wacholderdrossel), Rindskaldaunen, Königsberger Fleck oder Kuttelflecken (Vormagen und Teile des Magen-Darm-Trakts von Wiederkäuern), Rindergaumen und anderen Leckereien. Hier ihr Rezept für gefüllte Krebsnasen: »Die Krebse werden in scharf kochendem Wasser mit Salz und etwas Essig ans Feuer gesetzt. Nach 5 bis 10 Minuten nimmt man sie heraus und bricht die Schwänze vom Kopf, dann wäscht man den Kopf aus und füllt ihn mit einer Farce, ohne

Zwiebeln, wie sie in Abschnitt G beschrieben ist. Die gefüllten Krebsnasen werden ¼ Stunde in Bouillon gekocht und mit dem Fleisch der Krebsschwänze erst beim Anrichten in das Frikassee oder in die Suppe hineingegeben.«[195]

Solche Kochanleitungen sind nicht nur wegen der völlig gewandelten Ernährungsweisen seltsam. »Die Ratschläge und Verhaltensregeln aus Koch- und Gesundheitsbüchern jener Zeit, die zu Sparsamkeit, ordentlichem Essen und Sauberkeit auffordern, klingen angesichts der weitverbreiteten Armut und Mangelernährung zumindest befremdlich.«[196]

Andererseits gab es auch in der Mitte des 19. Jahrhunderts schon zahlreiche Fertiggerichte, deren Verwendung die erfahrene Köchin und Kochbuchautorin ihren Lesern durchaus empfiehlt: »Überdies hat die chemische Nahrungsmittelindustrie so gewaltige Fortschritte gemacht, dass fast täglich neue Fabrikate auf den Markt kommen, die Nahrungsmittel in komprimierter Form fast genussfertig darstellen. Eine moderne praktische Hausfrau wird diese Neuerungen nicht aus dem Auge lassen und Suppen, Puddings und dergl., die sich in kurzer Zeit und äußerst billig aus fertigen Pulvern herstellen lassen, gern zur Abwechslung auf den Tisch bringen.«[197]

Als Hauptmahlzeit standen einem arbeitenden Mann im 19. und in der ersten Hälfte des 20. Jahrhunderts zwei verschiedene Formen ungesunder Ernährung zur Verfügung. Er hatte keine Wahl. Entweder arbeitete er in einem Büro und war auf Brote oder die Kantine angewiesen oder er arbeitete in einer Fabrik oder unter Tage und aß das, was ihm seine Frau oder eines seiner Kinder im Henkelmann ans Werkstor brachte. Ein Henkelmann oder auch Düppen bestand vorwiegend aus Aluminium oder Weißblech, seltener aus emailliertem Metall. Er wurde mit Suppe oder Kartoffeln und Gemüse mit Soße gefüllt. Die Henkelmänner aller Arbeiter wurden in einem Wasserbad gemeinsam erhitzt, bis alle noch vorhandenen Vitamine entwichen waren, und dann direkt aus dem Aluminiumnapf oder dessen Deckel herausgelöffelt. Nach heutigen Maßstäben schmeckten die Mahlzeiten aus dem Henkelmann sicher nicht gut, waren aber sättigend. Urgroßmutter kämpfte in Depressions-, Kriegs- und Nachkriegszeiten damit, die Ihren überhaupt satt zu bekommen. Sie entwickelte dabei eine beeindruckende Kreativität.

Ururgroßmutter (wir sprechen mittlerweile von der Zeit um 1900) hatte entweder eine Haushaltshilfe, ein sogenanntes »Mädchen«, oder sie verdingte sich ihrerseits »in Stellung bei Herrschaften« als solches.[198] Küchenorganisation, Art der Speisen und deren Zubereitungsmethoden hingen noch stärker als zuvor von der sozialen Stellung der jeweiligen Familie ab: »Der Kost des europäischen Arbeiters mangelte es vor allem an Fett und Eiweiß. Butter war knapp und teuer und in den Arbeiterfamilien meist nicht vorhanden.«[199]

»Essenträger, Weißblech, blank, extra stark, mit zwei Schalen mit Schlussranddeckel, Bandeisenbügel und Holzgriff.« Solche Gefäße wurden aus offensichtlichem Grund auch Henkelmann genannt. Es ist ein Henkel (Griff) dran. Mit Suppe oder Kartoffeln und Gemüse mit Soße gefüllt, wurden Arbeiter von ihren Frauen damit mit Mahlzeiten versorgt. Es machte satt.

Familiäre Tischgemeinschaften verloren spätestens nach dem Ersten Weltkrieg an Bedeutung. Trotz zunehmender Verwendung technischer Hilfsmittel verwendete eine Hausfrau in den 1940er Jahren noch immer täglich vier bis fünf Arbeitsstunden auf die Zubereitung von Mahlzeiten.[200] »Dosenfraß«, ein Schimpfwort, das spätestens seit den 1960er Jahren verwendet wurde, hatte längst Einzug in die Privatküchen gehalten und in die professionellen Küchen sowieso. Erste Schnellrestaurants entstanden schon um das Jahr 1900 herum. Kulturpessimisten sehen seitdem das Abendland untergehen. Im Gegensatz von Fast Food, der bewussten Abkehr vom bürgerlichen Essritual, und Slow Food, seiner demonstrativen Zelebrierung, sieht Uwe Spiekermann »eine normativ aufgeladene Auseinandersetzung über Wunsch- und Angstbilder unserer Ernährung, die falsche Gegensätze erzeugt und Ausdruck eines bequemen Denkens ist, das unserer Esskultur insgesamt nicht gerecht wird«.[201] Beide sind für ihn Segmente desselben Marktes. Die Kuchenstücke des Lebensmittelmarkts, die sich Fast-Food-Anbieter genehmigen, sind natürlich nicht mit den Krümeln der Slow-Food-Freunde vergleichbar.

Unter den sieben Ernährungstypen, die das Institut für sozial-ökologische Forschung (ISOE) in Frankfurt am Main definiert, kommen sie deshalb gar nicht erst vor. Stattdessen

- der konventionell Gesundheitsorientierte (20 Prozent, Durchschnittsalter 63 Jahre),
- der freudlose Gewohnheitskoch (17 Prozent, Durchschnittsalter 67),
- der gestresste Alltagsmanager (16 Prozent, Durchschnittsalter 40),
- der Billig- und Fleisch-Esser (13 Prozent, Durchschnittsalter 38),
- der ernährungsbewusste Anspruchsvolle (13 Prozent, Durchschnittsalter 44),
- der desinteressierte Fast-Fooder (12 Prozent, Durchschnittsalter 33) sowie
- der fitnessorientierte Ambitionierte (9 Prozent, Durchschnittsalter 45).[202]

Was früher »Fertiggerichte« hieß, wird heute als »Convenience Food« bezeichnet. Diese Fertig- oder Halbfertigprodukte sollen derzeit zehn Prozent aller Lebensmittel ausmachen – mit steigenden Umsatzzahlen. Die Produkte sind entweder

– küchenfertig, wie Kloßpulver und Backmischungen,
– garfertig, wie Nudeln und vorbereitete Tiefkühlprodukte,
– anrührfertig, wie Instantsuppen, gekörnte Brühe und Kartoffelpüreepulver,
– aufwärmfertig, wie Dosen und Mikrowellengerichte oder gleich
– verzehrfertig, wie Desserts und Feinkostsalate.

Manche erfasst schon bei der Aufzählung dieser »kleinen Helfer« das Grauen. Mit echter Kochkunst habe das alles nichts zu tun, behaupten die, die für Feinschmecker gehalten werden wollen. Andere mokieren sich über derartige Produkte und verwenden sie klammheimlich. Was ich damit sagen will: Ein unbestimmtes Gefühl von Verlust ergreift heute viele Menschen, wenn sic sich im Geiste einen Schnelldurchlauf durch die ihnen bekannte Küchengeschichte ansehen. Dabei ist eine verlässliche Geschichte der Küchensoziologie noch gar nicht geschrieben. Da es nur kurze Zeitspannen und in diesen kurzen Spannen auch nur wenige Menschen in Mitteleuropa gab, die überhaupt die Wahl hatten, was und wie sie kochen wollten, besteht für mich überhaupt kein Anlass, nostalgische Gedanken über »Omas Küche« zu entwickeln. Was dagegen Urururoma kochte, ist heute meist gar nicht mehr zu bekommen, und dass es bekömmlich wäre, ist auch nicht sicher. Pulen Sie Erbsen? Legen Sie Heringe ein? Stampfen Sie Sauerkraut? Wann haben Sie zuletzt Früchte eingekocht?

Schlussfolgerung: Kochtechnik und Lebensmittel waren früher nicht besser, sondern anders. Oma hat daraus gemacht, was sie konnte. Dafür danken wir ihr (siehe dazu auch »Früher waren die Lebensmittel besser«).

P

Pasta wird in Italien niemals mit Ei hergestellt

»In ›normale‹ Nudeln gehört kein Ei, das läuft mehr unter perversem Bonus«, glaubt ein Autor im Vegetarierforum[203], und im Forum »Garten-Pur« meint ein orthografisch ungebundener Küchenexperte: »Richtige Pasta hat kein Ei drinn.«[204] Die Mär wird seit einiger Zeit vor allem in Deutschland verbreitet: Italienische Pasta enthielte nie und nimmer Ei. Sie würde ausschließlich aus Hartweizengrieß und Wasser hergestellt. Die Geschichte bekam Auftrieb nach einem Ei-Skandal in einer größeren deutschen Nudelfabrik, der in den 1980er Jahren konstruiert worden war. Danach waren die sogenannten »Frischeinudeln« in deutschen Küchen für lange Zeit verpönt, zumindest in den Küchen von Menschen, die sich etwas auf ihre Weltläufigkeit zugutehielten. Der Frischeinudel-Skandal endete damit, dass das Land Baden-Württemberg wegen falscher Darstellungen und übereilter Verzehrwarnungen einen Schadenersatz in zweistelliger Millionenhöhe zahlen musste. Die Nudeln waren, wie sich später herausstellte, zu keiner Zeit ungenießbar oder gar »mikrobiell verdorben«. Der angebliche Skandal setzte sich gleichwohl in den Köpfen fest. Der schwäbische Traditionsbetrieb musste 1991 an einen internationalen Konzern verkauft werden.[205]

Etwa in dieser Zeit wurde mit deutlich kommerziellem Interesse die Mär von der eierfreien italienischen Pasta aufgebracht. Dagegen ist jedem Italiener klar, dass italienische Nudeln sehr wohl Ei enthalten und davon nicht wenig. Das ist etwa bei den klassischen Tagliarini, auch »Tagliarini all'uovo« genannt, so. Deutsche dürfen bei Tagliarini, genau wie bei Tagliatelle, das G getrost mitsprechen. Tagliatelle werden traditionell ebenfalls als »Pasta all'uovo« hergestellt, außerdem Fettucine und viele gefüllte Nudelvarianten wie auch die in Deutschland beliebten Ravioli.[206] Die Zunft der Genueser Pasta-Hersteller beschloss 1547 eine Art Reinheitsgebot. Pastateig sollte ausschließlich aus den Bestandteilen Wasser und Hartweizengrieß bestehen. Der Beschluss wird von italienischen Pasta-Fabrikanten bei der Herstellung von »Pasta secca« (Trockennudeln) noch immer eingehalten. Demgegenüber darf die »Pasta fresca« (frische Nudeln) durchaus Ei enthalten. Eine Qualitätsaussage ist damit nicht verbunden. Auch die Vorstellung, frisch zubereitete Pasta sei besser als die aus Trockennudeln, entbehrt jeder Grundlage. Marcella Hazan, »die Päpstin der italienischen Küche«[207], meint: »Die zurzeit moderne Ansicht, ›frische‹ Pasta sei trockener Fabrikware vorzuziehen, ist durch nichts gerechtfertigt.«[208]

Pilze darf man nicht aufwärmen

Diese alte Küchenweisheit sitzt tief. Noch heute habe ich jedes Mal ein ungutes Gefühl, wenn ich Pilze aufwärme. Ich warte förmlich auf das Grummeln im Magen, auf eine unruhige Nacht, auf allerlei unerfreuliche Verdauungsprobleme und Vergiftungserscheinungen. Meist passiert nichts und wenn, dann ist das sicher nicht auf die wieder aufgewärmten Pilze zurückzuführen. Der psychologische Mechanismus, der bei mir und vielen anderen Menschen beim Wiederaufwärmen von Pilzen einrastet, hat vermutlich mit dem Gift der Pilze zu tun, die ohnehin für Menschen ungenießbar sind.

Es gibt etwa 5000 bekannte mitteleuropäische Pilzarten bzw. -sorten. Nur etwa 150 davon sind giftig und damit ungenießbar. Das sind vergleichsweise wenige Arten. Die Wahrscheinlichkeit aber, einen einzigen giftigen im Korb zu haben, der das ganze schöne Pilzessen verdirbt, hält viele Menschen (auch mich) davon ab, ihr Essen im Wald zu sammeln. Die Warnung, Pilze nicht aufzuwärmen, lässt im Kopf der guten Hausfrau und des guten Hausmannes auch ganz normale Speisepilze zu giftigen Gewächsen werden. Das Gift könnte ja zunächst wirksam sein oder beim Kochvorgang neutralisiert werden, was bei einigen Pilzarten tatsächlich der Fall ist, beim Wiederaufwärmen dann aber seine volle Schädlichkeit entfalten. Der Gedanke ist zu irrational und zu kompliziert, um ihn tatsächlich auszuführen. Gedanken gehen aber oft die verschlungensten Wege und bei den plötzlich giftig werdenden Pilzen sind sie schon fast wahnhaft verschlungen.

Was aber passiert beim Aufwärmen von Pilzen wirklich? Pilze enthalten viel Eiweiß. Dieses Eiweiß dient Bakterien als Nahrung. Wärme beschleunigt jede Reaktion. Ein zweites Erwärmen, dachte man lange Zeit, führe zu einer Anreicherung der Schadstoffe, also vorwiegend der Bakterien. Dagegen werden beim ersten Erhitzen sämtliche Bakterien unschädlich gemacht. Sobald ein Pilzgericht erkaltet, kommen andere Bakterien und bemächtigen sich des guten Nährbodens. Gute Kühlung verringert diesen Vorgang. Beim zweiten Erhitzen ist also lediglich darauf zu achten, dass das ganze Gericht nochmals vollkommen erhitzt wird. Zusätzliche Giftstoffe entstehen durch das Aufwärmen nämlich nicht. (Siehe dazu auch »Spinat darf man nicht aufwärmen«.)

In diesem Zusammenhang soll auch der noch immer verbreitete Irrtum erwähnt werden, Pilze seien nur dann giftig, wenn sich ein Löffel, vorzugsweise aus Silber, durch sie verfärbe. Andere empfehlen zu diesem Zweck eine Silbermünze. Ob der Löffel oder die Münze nur mit Pilzflüssigkeit bestrichen wird oder im Pilzgericht mitkocht, ist einigermaßen egal. Wenn man sich wirklich auf sie verlässt, ist dies auf jeden Fall die sicherste Methode, eine Pilzvergiftung zu erleiden. Wer so etwas glaubt, wird nicht alt. Es gibt auch erfüllte kurze Leben, aber an einer leicht vermeidbaren Pilzvergiftung zu sterben ist doch irgendwie uncool.

Pilze darf man nicht waschen

Pilze sind normalerweise schmutzig. Pilze wachsen auf Pferdemist. Pilze liegen in blauen Plastikschalen und irgendjemand hat sie da reingefüllt. Ich meine also nicht die eigenartigen Produkte, die in Weißblechdosen in einer Lake verkauft werden und nach gar nichts schmecken. Ich meine Zuchtpilze. Die soll ich nicht waschen? Ich soll sie mit einer todschicken Pilzbürste behandeln? Ich werde mich hüten! Natürlich wasche ich sie, und zwar gleich mehrmals. In dem lauwarmen Wasser, in dem ich sie gründlich bewege, sammeln sich Torfstückchen an der Oberfläche und schwerere Stückchen auf dem Boden. Worum es sich dabei handelt, möchte ich gar nicht wissen. Ich behaupte steif und fest, dass ich diese Stückchen mit einer Pilzbürste nicht wegbekommen hätte. »Saugen die sich nicht mit Wasser voll?!«, warnt mich meine Tochter. Sie hat das so in ihrem Kurs »Hauswirtschaft, Abschnitt ›Grundtechniken des Kochens‹« gelernt. So sehr ich es begrüße, dass Schüler wieder so etwas lernen, so sehr würde ich es auch begrüßen, wenn die Lehrer wüssten, warum sie ihren Schülern bestimmte Hinweise geben.

Die Grundlage, auf der Zuchtpilze wachsen, wird beschönigend Substratmischung genannt. Von dieser Mischung wurde aber nicht viel subtrahiert, weil Maismehl, Hühner- und Pferdemist auf jeden Fall drin sind und auch sein sollen. Irgendwo muss der Stickstoff ja herkommen, den die Pilze zum Wachsen brauchen. Es ist mir auch ganz egal, dass Pilzzüchter ihr Substrat vor dem Impfen mit Pilzsporen sterilisieren. Ich weiß es und möchte die braunen Stückchen doch möglichst restlos von meinen Pilzen entfernen. Dass durch meinen pingeligen Waschvorgang nennenswerte Mengen Wasser in die Pilze eindringen, kann nicht sein. Schließlich sind Pilze keine Schwämme. Schwämme sind keine Pflanzen, sondern Tiere, auch wenn sie keine Organe haben. Pilze sind auch keine Pflanzen, sondern eben Pilze. Ihre Lamellen stoßen Wasser eher ab, als dass sie es aufnehmen. Das Wichtigste aber ist: Durch meine Waschprozedur verlieren Pilze kein bisschen Aroma. Das aber ist die entscheidende Behauptung der Pilzwaschwarner. Meine Pilze schmecken, obwohl sie penibel gewaschen wurden, angebraten mit Speck und Zwiebeln wunderbar aromatisch. Sie schmecken, wie nur Pilze schmecken können, und haben dabei nicht einmal einen Beigeschmack von Dung.

Der Grund dafür ist, dass Pilzaroma nicht wasserlöslich ist. Man kann Pilze in Wasser legen, sie untertauchen und bewegen und trotzdem nehmen sie nicht mehr als drei-Prozent ihres Eigengewichts an Wasser auf. Harold McGee und Robert Wolke haben das ausprobiert.[209] Das Wasser, das in der Pfanne austritt und verhindert, dass die Pilze schmoren, stammt von ihnen selbst. Schließlich bestehen Pilze vorwiegend aus Wasser. Wenn man ihnen in der Pfanne genügend Platz gibt, jeder Pilz oder jede Pilzscheibe den Pfannenboden berührt, dann kann das austretende Wasser sofort verdunsten. Die Pilze werden dann schön braun und entwickeln ihr Aroma. Liegt aber eine Schicht Pilze darüber, dann bildet sie einen natürlichen Deckel. Das verdampfte Wasser schlägt sich an den oberen, kälteren Pilzen nieder, fließt zurück auf den Pfannenboden und vorbei ist's mit dem Anbratvorgang. Aber selbst dann können Sie Ihr Pilzgericht noch retten. Gießen Sie die entstandene Soße einfach in eine Tasse ab, nehmen Sie die Hälfte der Pilze heraus und braten Sie beide Portionen getrennt an. Zum Schluss geben Sie die abgegossene Soße wieder dazu. Man wird Sie bewundern, wie Sie die Pilze so wunderbar aromatisch angebraten und trotzdem so viel Soße entwickelt haben.

Piment ist Pfeffer und Pfeffer ist Piment

Sie wissen, dass das ein Irrtum ist, ich weiß, dass das ein Irrtum ist, aber erklären Sie das einmal einem Spanier oder, noch besser, erklären Sie es den Autoren des *Pauli*. Im *Pauli*, dem Standardwerk für die schweizerische Kochausbildung, wird im Abschnitt über Pfeffer nämlich auch Piment beschrieben, allerdings als »getrocknete Beeren des Piment-Baumes«.[210] Wie kommt das Piment aber dann in die Kategorie »Pfeffer« und wieso wird seine Anwendung mit der von Pfeffer gleichgesetzt? Man weiß es nicht.

Piment vereint Aromen, die von Nelke, Pfeffer, Zimt und Muskat her bekannt sind. Es ist würzig, süßlich und brennend. Deshalb wurde es nach seinem Bekanntwerden im 17. Jahrhundert auch Allerleigewürz genannt. In England und Amerika heißt das Wundermittel noch immer Allspice und in Frankreich Quatre-épices. Piment ist aber kaum pfeffrig. Die an Gewürznelken erinnernden Aromen treten stark hervor. Botanisch folgt es sowieso einem ganz anderen Ast. Mit Pfeffer (Piper nigrum) hat Piment, abgesehen von einer schwachen äußerlichen Ähnlichkeit, gar nichts zu tun. Der Pimentbaum (Pimenta dioica oder Pimenta officinalis) ist ein Gewächs aus der Familie der Myrthen. Er wächst auf den Westindischen Inseln. Der Irrtum ist leicht aufzuklären. Schuld an der Namensverwechslung ist wieder einmal Kolumbus. Bekannt ist, dass er Amerika für Indien hielt. Deshalb liegen die Westindischen Inseln östlich von Amerika. Das ist für uns etwas verwirrend. Die Früchte des Pimentbaums gab Kolumbus zu Hause konsequent für den aus Asien bekannten Pfeffer aus. Er nannte sie »Pimienta«. Das heißt auf Spanisch einfach Pfeffer. Schließlich hatte man ihn unter anderem losgeschickt, um einen Seeweg nach Indien zu finden. Auf diesem Seeweg sollte vorwiegend Pfeffer billiger nach Europa transportiert werden können. Pfeffer gesucht, Piment gefunden, Auftrag erfüllt.

Als Gewürz werden die getrockneten und geriebenen Beerenfrüchte des Pimentbaums verwendet. In Deutschland würzt man damit außer Wildgerichte vor allem Weihnachtsplätzchen. Dabei sollte möglichst eine Pfeffermühle verwendet werden. Oder Sie nehmen dafür die sowieso völlig sinnlose Salzmühle, die Sie in diesem schicken Geschenkset bekommen haben. Sie sollten allerdings an dieser Mühle deutlich vermerken »Piment, kein Pfeffer«. Spanier dürften dadurch etwas verwirrt werden, aber wie oft kommt schon ein Spanier in

»Gewürz-Etagère, Buche gewichst, prima, mit weißen Porzellantönnchen mit schwarzer Schrift.« Keine üppige Auswahl. In das mit »Gewürz« beschriftete Tönnchen konnte man natürlich auch Piment füllen.

Ihre Küche? Weil Piment in Spanien noch immer Pimienta genannt wird (manchmal spezifiziert als Pimienta de Jamaica) und Pfeffer ebenfalls, ist eine Verwechslung naheliegend. Außerdem gibt's in Spanien noch pimiento, das ist Paprika, und pimentón, das sind scharfe Chilischoten. Wer soll da noch durchblicken?

Plastikkorken lassen den Wein nicht atmen

Ein Irrtum und doch kein Irrtum. Es stimmt, dass Kunststoff- und Glasverschlüsse Flaschen vollkommen dicht abschließen. Es stimmt aber auch, dass das gut und richtig und der Erhaltung der Weinqualität zuträglich ist. Nach traditioneller Methode werden Weinflaschen mit einem Stückchen Baumrinde geschlossen, das Weinkenner dann mit einem mehr oder weniger eleganten Vorgang wieder entfernen. Diese Sorte Weinkenner scheint kein schöneres Geräusch zu kennen als das »Plop« des Korkens, der aus einer Flasche gezogen wird. Von Winzern werden sie sehr vorsichtig behandelt, denn es sind gute Kunden. Sobald sie aber aus dem Keller heraus sind, atmen die Winzer auf und schütteln über so viel Dummheit den Kopf. Viel lieber würden sie schon längst auf Kunststoffverschlüsse umstellen, aber die Kunden wollen's ja nicht.

Die Methode, als Weinverschluss ein Stück Baumrinde in den Flaschenhals zu stopfen, ist nicht einmal so alt, wie man vermuten könnte. Zwar wurden schon im antiken Griechenland Flaschen mit Korkstücken verschlossen, aber erst Ende des 18. Jahrhunderts wurde es nach und nach üblich, Weinflaschen anstatt mit Wachs oder mit Hanf umwickelten Holzstopfen mit Korkstücken zu verschließen. Angeblich war es der berühmte Klosterbruder Pérignon, der den Korken systematisch zum Verschließen seiner Schaumweinflaschen einsetzte. Der Vorteil gegenüber Wachs und Hanf und Holz: Der Vorgang ist leichter zu handhaben. Der Nachteil: Auch Kork ist ein Naturprodukt mit all seinen Qualitätsschwankungen. Was noch unangenehmer ist: Kork enthält Pilze, Bakterien und Kleinstlebewesen. Um sie zu töten bzw. auszuschwemmen, wird das Material einem aufwendigen Reinigungsprozess unterzogen, bevor es als Flaschenverschluss dienen kann. Rückstände dieses Reinigungsvorgangs sind selten und gehen immer auf unsachgemäße Handhabung zurück. Der Schaden für Winzer ist trotzdem erheblich.

Ein weiterer Nachteil von Naturkork als Flaschenverschluss ist der gefürchtete Übergang von Korkgeschmack auf den Wein. Selbst durch noch so qualitätsvolle, feinporige, extrem gewässerte und kontrollierte Korken lässt sich dieser Effekt kaum verringern. Die Angaben schwanken zwischen zwei und acht Prozent einer Jahresproduktion, die durch Korken verdorben werden. Eine Pilzinfektion führt zur Ausbildung einer Substanz, die 2,4,6-Trichloranisol (TCA) heißt. Sie schmeckt muffig-schimmlig und entsteht in Korkeichen unabhängig davon, ob sie mit Chlorphenolen behandelt wurden oder nicht. Im Gegenteil! Die im Kork verbleibenden Chlorphenole sind ein idealer Nährboden für Schimmelpilze, die das 2,4,6-Trichloranisol ausstoßen. Es riecht nicht gut, schmeckt fürchterlich und löst sich gut in Alkohol. Und es entsteht in Eichenfässern. Das wird später noch wichtig. Fünf Prozent aller Weine verderben ganz einfach durch diesen Naturkork-Effekt. Sommelier Frank Kämmer sieht daher in der Verwendung von Naturkork »eine Art russisches Roulette«.[211]

Vor allem aber – wir kommen nun zum wichtigsten Aspekt der Weinverpackung – ist Kork nicht dicht. Das ist der einzige Grund, weshalb Flaschen liegend gelagert werden sollen. Die ständige Befeuchtung des Korkens erhält dessen Elastizität und diese Elastizität sorgt dafür, dass der Flascheninhalt nicht mit Sauerstoff in Berührung kommt. Oxidation, die Reaktion mit Sauerstoff, führt dazu, dass Wein sehr schnell ungenießbar wird. Das trifft auf fast alle Lebensmittel zu und auf Wein ganz besonders. Wenn auch immer wieder zu hören ist, Wein müsse atmen: Glauben Sie diesen Pseudo-Weinkennern kein Wort! Glauben Sie stattdessen Frank Kämmer, der mit diesem Mythos hoffentlich ein für allemal aufgeräumt hat.[212] Auch Champagner wird selbstverständlich während seiner gesamten Reifezeit mit einem schlichten Kronkorken verschlossen. Erst kurz vor dem Vertrieb wird er durch einen nostalgischen Kork nach Art des Erfinders Dom Pérignon ausgetauscht. Schraubverschlüsse für Weinflaschen werden von Menschen, die sich für Kenner halten, strikt abgelehnt. Das dürfte nur noch so lange der Fall sein, wie sich das Ritual des Korkenziehens als Ritual der Unwissenden herumgesprochen hat und Designer sich des Themas Weinflaschenverschluss annehmen.

Und noch ein guter Ratschlag zum Schluss: Reklamieren Sie im Restaurant keinen Wein wegen Korkgeschmacks, bei dem Sie nicht gesehen haben, dass er tatsächlich mit einem Naturkork verschlossen war. Aber selbst das ist nicht so einfach, denn selbst Weine mit Schraubverschluss oder Kunststoffstopfen können den typischen Korkgeschmack aufgrund eines TCA-Fehlers schon im Fass erhalten haben. Leute, die am Korken riechen, geben zu erkennen, dass sie keinen blassen Schimmer von Wein haben. Außerdem gibt es eine ganze Reihe anderer Herstellungsfehler: durch unsaubere Abfüllung, durch Nachgärung in der Flasche, durch Oxidation aufgrund eines falsch sitzenden Verschlusses. Was es mit dem Böckser, dem Geranienton und dem Mäuseln auf sich hat, auch dazu informieren Sie sich bitte bei Kämmer, der weiß das.[213]

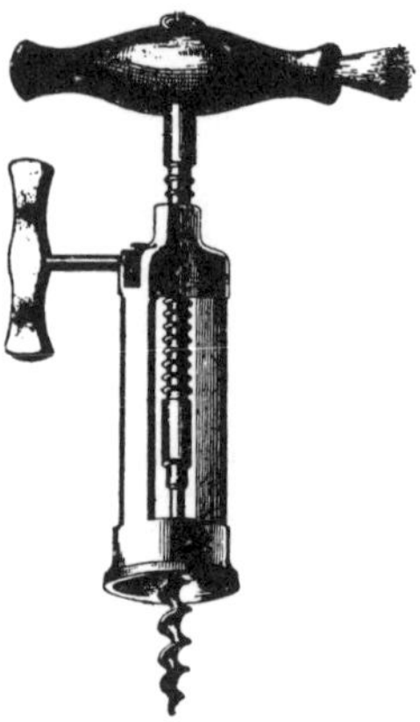

»Korkzieher, Stahl, mit vernickelter Glocke, Bürste und Übersetzung zum Korkheben, polirt, 20 cm lang.« So schön das Gerät auch ist: Lassen Sie Wein besser nicht lange mit Sauerstoff in Verbindung kommen und nennen Sie das bitte auch nicht »atmen«. Bitten Sie stattdessen »Ihren« Winzer um einen dichten Verschluss aus Kunststoff oder Glas.

R

Reis im Salzstreuer verhindert das Festklumpen

Der Trick ist uralt und wird vorwiegend auf dem Esstisch zu Hause und in Traditionsgasthäusern angewandt. Da Salzstreuer für den Gebrauch in der Küche selbst natürlich vollkommen ungeeignet sind, sieht man dieses Ritual dort seltener. Es geht so: Man gibt einige Reiskörner in den Salzstreuer und glaubt dann ganz fest daran, dass das Salz nicht zusammenklumpt. Wenn das Salz aufgebraucht ist, sind nur noch Reiskörner im Salzstreuer. Wenn das Salz bis dahin rieselfähig geblieben ist, gibt es keinen Grund, an dem magischen Vorgang zu zweifeln. Wenn es zuvor doch zusammenklumpte, gibt man der Reissorte die Schuld, nicht genügend Feuchtigkeit aufgesaugt zu haben.

Bei allem Respekt vor der bergeversetzenden Kraft des Glaubens: Ein kleines bisschen Plausibilität müssen auch rituelle Handlungen aufweisen. Wären Reiskörner tatsächlich so wasserliebend (hydrophil), wie behauptet wird, würden sie sich doch erst recht außerhalb eines Salzstreuers in ganz normaler feuchter Küchenluft vollsaugen. Das tun sie aber nicht. Ich hab's ausprobiert. Wenn Reiskörner das wirklich täten, hätten wir ein noch größeres Problem als nur verklumptes Salz: Wo bleibt denn die Feuchtigkeit, die die Reiskörner angeblich aufgenommen haben? Halten die Reiskörner diese Feuchtigkeit dauerhaft fest? Dann müssten sie zumindest etwas aufquellen. Hat schon einmal jemand seinen Salzstreuer von feuchten, aufgequollenen Reiskörnern befreit? Wenn die Feuchtigkeit aber nicht dauerhaft in den Reiskörnern bleibt, entweicht sie ihnen vielleicht nach und nach wieder? Und wenn sie den Reiskörnern wieder entweicht, wohin entweicht sie?

Was man als Salzkörner bezeichnet, sind in Wirklichkeit klitzekleine Kuben, die mit einer kleinen Menge Feuchtigkeit schon eine große Adhäsionskraft entwickeln. Das Salz klumpt. Eine andere Methode, das Salz nicht klumpen zu lassen, besteht schlicht und einfach darin, es immer schön trocken zu halten. Deshalb sieht man heute noch in den wenigen erhaltenen Burgküchen dicht neben der Feuerstelle eine kleine Nische. Darin stand das Salzfass. Keine Feuchtigkeit, kein Klumpen. Heutzutage erhalten Trennmittel dem Salz seine Riesel- und Streufähigkeit. Sie liegen auf der Oberfläche der Salzkuben und machen sie »rau«. Es wird vorwiegend Kalzium- oder Magnesiumkarbonat verwendet (E 170 und E 504), aber auch Kaliumphosphat (E 340), Natriumaluminiumsilikat (E 555) und Natriumferrocyanid (E 535). Von allen diesen Substanzen befindet sich im Speisesalz weniger als ein Prozent, meist nur ein Promille. Sie schmecken nach gar nichts. Es gibt in Mitteleuropa fast nur noch eine Sorte Salz, die kein Trennmittel enthält: das systematisch vorgeklumpte Grobsalz (siehe dazu auch »Grobsalz ist gesünder«). Außer zum Bestreuen von Brezeln wird es zum Selbstzerknirschen in Salzmühlen angeboten. Salzmühlen sind die küchentechnisch sinnloseste Erfindung seit dem praktisch nicht sauber zu haltenden Zwiebelzerhacker. Sinnvoll sind Salzmühlen nur zur Umsatzsteigerung von Haushaltswaren- und Designgeschäften. Da Salz keine flüchtigen Aromen enthält (wie etwa Pfeffer das tut), ist es völlig egal, wann es zur Verzehrgröße zerkleinert wird. Wenn Salz in einer Flüssigkeit gelöst wird, ist es noch egaler. Ich weiß, dass man »egal« nicht steigern kann.

Reis ohne Kochbeutel brennt an

Ich frage mich immer, wie man es schafft, Reis anbrennen zu lassen. Man braucht dazu zu viel Reis, zu wenig Wasser, zu große Hitze und eine Freundin, die sich schon lange nicht mehr gemeldet hat und genau dann anruft, wenn man den Reis aufgesetzt hat. Fehlt auch nur eine dieser Bedingungen, klappt's nicht.

Um den unwahrscheinlichen Fall eines Anbrennens von Reis auszuschließen, gibt es Reis in Kochbeuteln. Kochbeutelreis brennt natürlich nie an, weil er in einer absurden Menge heißen Wassers schwimmt. Dafür verbrennt man sich beim Öffnen des Beutels immer und unweigerlich die Finger. Kochbeutelreis ist leicht zu portionieren, aber nur dann, wenn man mit der Menge, die sich in einem, in zweien oder in drei Beuteln befindet, exakt bedient ist. Der Reis in Kochbeuteln ist etwa doppelt so teuer wie der ohne Kochbeutel. Es gibt aber eine noch teurere Methode, Reis zuzubereiten, nämlich die Nutzung eines elektrischen Reiskochers. Die Geräte kosten zwischen 20 und 70 Euro, nehmen sehr viel Platz und eine weitere Steckdose in Ihrer Küche in Anspruch. Sie sind dazu gedacht, Menschen zu helfen, die auch Wasser anbrennen lassen können.

Mit einem elektrischen Reiskocher kann man Reis so zubereiten, wie es auch mit der traditionellen Methode möglich ist. Die traditionelle Methode des Reiskochens ist nämlich geradezu idiotensicher, und das auch dank einer exakten Portionierung: Man nimmt tassenweise losen Reis, füllt die in den Topf gegebene Menge Reis 2:1 mit Wasser auf, lässt die Wasser-Reis-Mischung bei geringer Wärmezufuhr quellen, bis das Wasser sich vollständig in den Reiskörnern befindet, gibt zu einer beliebigen Zeit so viel Salz ins Wasser, wie man möchte, und serviert einen schmackhaften Reis, ohne sich die Finger verbrüht zu haben. Die sicherste Methode ist es, den Quellvorgang in einem luftdicht verschlossenen Drucktopf vorzunehmen.

Es kann kein Wasser entweichen, deshalb reicht ein Wasser-Reis-Verhältnis von 1:1. Die Toleranz des aufgequollenen Reises gegenüber der Kochzeit wächst bei der Verwendung eines Drucktopfs ins beinahe Unendliche.

»Reisrand, prima, *mit engem Rohr.« Erhältlich war das Gerät in den Durchmessern 16 bis 26 Zentimeter, jeweils auch mit engem Rohr. Vielleicht schaffte man es ja damit, Reis anbrennen zu lassen. Normalerweise klappt das aber nur, wenn eine Freundin, die sich schon lange nicht mehr gemeldet hat, genau dann anruft, wenn man den Reis aufgesetzt hat.*

Damit dürfte auch Helge Schneider mehr Erfolg haben, der in einem seiner Songs bisher nur »Lecker lecker Reis aus dem Kochbeutel« zubereitete und ein ihm unbekanntes Mädchen bat: »Wildes Mädchen schüttel dein Haar. Es gibt Reis. Hey Baby Baby es gibt Reis. Lecker lecker, Baby es gibt Reis. Ich koch ich koch, ich koch ich koch, ich koch ich koch für dich ein einziges Mal ab dann bist du dran. Wildes Mädchen es lohnt sich für dich. Es gibt leckeren Reis.«

Rohkost ist gesünder als Gekochtes

Salat ist gesund. Salat ist kalorienarm. Der Ansicht sind vor allem Menschen, die glauben, abnehmen zu müssen. Sie essen bevorzugt Obst und rohes Gemüse wie Tomaten, Möhren, Gurken, Salat und Pilze. Die amerikanische Ernährungslehrerin Adelle Davis (1904–1974) machte sich seit den 1920er Jahren für den Verzehr unverarbeiteter Lebensmittel und gegen Zusatzstoffe stark.[214] Die Lebensreformbewegung Europas mit ihrer Kritik an Industrialisierung und Urbanisierung (Nudisten, Kleidungsreformer, Reformköstler) erhielt von ihr zahlreiche Anregungen, die heute noch nachklingen.

Der Esoteriker Rudolf Steiner (1861–1925) sah kosmische Kräfte in Pflanzen wirken. Als Rohkost betrachtete er aber nur rohe Wurzeln (Karotten, Sellerie, Rote Bete etc.). Pflanzen mit großen Blättern wie alle Salate und vor allem Früchte sind laut Steiner über die Zufuhr von Sonnenlicht erwärmt worden. Damit seien sie »sonnengekocht« und könnten im eigentlichen Sinn nicht mehr als roh betrachtet werden. »Zivilisationskost« (schlecht) wurde 1942 von Werner Kollath einer »Vollwertkost« (gut) genannten Ernährungsform gegenübergestellt.[215] Kollath (1892–1970) äußerte sich als Professor für Hygiene und Bakteriologie an der Universität Rostock in den 1930er Jahren nicht nur zur Lebensmittel-, sondern auch zur Rassenhygiene. Kultur- und Industrialisierungskritik verstärkten sich gegenseitig.

Ohne der Rohkost ihre Berechtigung abzusprechen, soll hier doch auf die Gefahren hingewiesen werden, die durch eine ausschließliche oder vorwiegende Ernährung mit nicht erhitzten Speisen entstehen. Durch noch so intensives Waschen lässt sich nämlich nur ein geringer Teil der an allen Lebensmitteln haftenden Bakterien und Pilze entfernen. Wer Rohkost in einem exzessivem Maß verzehrt – und dabei meist eine besonders gesundheitsbewusste Ernährung im Sinn hat –, nimmt zwangsläufig große Mengen Bakterien und Pilze auf. Gesunde Menschen können das normalerweise gut verkraften. Kinder, Kranke, Alte und durch Schlankheitswahn Unterernährte setzen sich damit aber einer großen Gefahr aus. Durch einen übermäßigen oder sogar ausschließlichen Verzehr von Rohkost kann es zu erheblichen Verdauungsproblemen kommen. Blähungen sind die harmloseste Folge. Darüber hinaus werden die Nährstoffe zahlreicher Früchte wie Tomaten, Möhren und Pilze erst durch Erhitzen erschlossen. Dipl. oec. troph. Helen Podestat hat in ihrer Diplomarbeit die Betacarotin-Gehalte von Brokkoli, Möhren und roten Paprika sowie die Feuchtegehalte von Kartoffeln, Brokkoli, Möhren und roten Paprika untersucht. Sie hat Gemüse roh, gekocht, gedünstet, gedämpft und druckgedämpft auf seinen Cis- und Trans-betacarotin-Gehalt und auf seinen Feuchtegehalt untersucht. Ihr Ergebnis: »Dass sich nach unterschiedlichen Garverfahren der Betacarotin-Gehalt in eine bestimmte Richtung hin verändert, kann nicht allgemeingültig

»Salatseiher, prima Qualität, Weißblech, mit Fuß und gelochtem Boden.« Vorsicht! Auch durch intensives Waschen werden nicht alle Bakterien und Pilze vom Salat entfernt.

gesagt werden, wie es in älterer Literatur oft geschieht. Bei Brokkoli steigt der Betacarotin-Gehalt nach jedem der Garverfahren, bei Möhren jedoch nur nach Kochen, Dünsten und Dämpfen merklich an. Paprika hingegen erleidet nach Dünsten und Dampfdruckgaren einen signifikanten Verlust an Betacarotin.«[216]

Rühren muss man immer in dieselbe Richtung

Soll man Pudding linksrum oder rechtsrum rühren? »Auf jeden Fall immer in dieselbe Richtung«, wurde ich in einem Kochbuch belehrt. Ich konnte es kaum glauben, dass so etwas empfohlen wurde. Vor allem hatte ich keine Idee, warum das so sein sollte. Deshalb begab ich mich auf die Suche, ob es sich vielleicht um einen Einzelfall einer besonders verdrehten Kochbuchautorin handelte. Tatsächlich fand ich viele gleichlautende Empfehlungen (probieren Sie es selber aus und geben Sie »dieselbe Richtung rühren« in eine Suchmaschine ein). So ein Humbug, dachte ich. Wird Pudding tatsächlich nicht fest, wenn man die Drehrichtung wechselt? Natürlich nicht bzw. eben doch. Ich meine, er wird fest, was soll der Quatsch?

Ich bin schon ganz durcheinander von den ganzen Verdrehtheiten. Brot- und Kuchenteig soll in dieselbe Richtung gerührt werden. Kein Problem, denn ein Haushaltsquirl hat ohnehin keinen Rückwärtsgang.

Hervé This-Benckhard hat auf einen ähnlichen Küchenmythos hingewiesen. Angeblich gibt es die Empfehlung, Mayonnaise immer in dieselbe Richtung zu rühren. Ich hatte davon, außer im Zusammenhang mit der Widerlegung durch This-Benckhard, nie gehört. Eine kurze Recherche ergab auch hier: Tatsächlich empfehlen Ratgeber, beim Einrühren des Öls ins Eigelb die Rührrichtung nicht zu wechseln. Einen Grund dafür geben sie natürlich nicht an. Für mich ist eines ganz offensichtlich: Es handelt sich hierbei bloß um eine Behauptung, mit der Kochlehrlinge und Küchenhilfen schikaniert werden konnten.

»Buddingform, Weißblech, prima, glatt mit Rohr«. Weitere Puddingformen waren erhältlich »gerippt mit Rohr« und »gerippt mit Rohr und verziertem Boden«, jeweils »prima«. Die Rührrichtung wirkte sich aber auch beim Steifwerden in dieser Form nicht auf Geschmack und Konsistenz des Puddings aus.

S

Salz verfälscht den Geschmack

Wenn das Salz in der Suppe fehlt, schmeckt sie bäh. Salzarm zubereitete Speisen schmecken aber angeblich intensiver. Im Fernsehmagazin *ARD-Buffet* wurde behauptet, eine reduzierte Verwendung von Salz führe dazu, »dass man den eigentlichen Geschmack der Speisen wieder wahrnehmen kann. Bereits nach einer Woche stellen sich die Geschmackspapillen um.«[217] Die Frage ist bloß, wozu sich die Geschmackspapillen umstellen sollten. Was stimmt, ist, dass salzarm zubereitete Speisen weniger salzig schmecken. Die Notwendigkeit, Salz zu sich zu nehmen, und der Irrglaube, alle Menschen müssten sich aus gesundheitlichen Gründen einer salzarmen Ernährung verschreiben, muss hier nicht mehr erörtert werden.[218] »Natrium sorgt mit dafür, dass der Wasserhaushalt in unserem Körper immer funktioniert. Außerdem sichert Natrium die Erregbarkeit von Muskeln und Nerven und ist deshalb auch besonders wichtig in der Ernährung von Sportlern. Der andere lebenswichtige Bestandteil von Salz ist Chlorid. Das bewirkt unter anderem die Bildung von Salzsäure im Magen.«[219]

Trotzdem versuchen große Hersteller von Fertiggerichten nach dem Motto »Weniger ist mehr« den Salzgehalt ihrer Produkte zu verringern. Damit befinden sie sich im Einklang mit der Welt-Gesundheitsorganisation WHO. Die WHO empfiehlt aus bisher nicht geklärten Gründen einen täglichen Salzkonsum von fünf Gramm. Jeder Europäer nimmt dagegen täglich zehn Gramm Salz zu sich. Nur wenige haben hohen Blutdruck. Wir kümmern uns hier aber nicht um die gesundheitlichen Aspekte des Salzkonsums. Hier geht es um die geschmackliche Seite der salzarmen oder salzlosen Zubereitung von Lebensmitteln. Viele Salzfeinde empfehlen, Speisen anstatt mit Salz mit Gemüsebrühe zu »verfeinern«. Das ist so, als behaupte man, den ganzen Tag keinen Alkohol zu sich genommen zu haben, bloß Bier und Wein. Gemüsebrühenkonzentrat, der klassische Brühwürfel, um den es sich hier handelt, enthält bis zu 50 Prozent Kochsalz.[220]

Salzkartoffeln kann man zu einem beliebigen Zeitpunkt salzen

Natürlich sollten Salzkartoffeln gesalzen sein. Für sie gilt aber nicht dasselbe wie für Nudeln. Kartoffeln sind, anders als Nudeln, Knollen, die zahlreiche Mineralien enthalten. Wann das Salz zugefügt wird, ist deshalb durchaus von Bedeutung. Wie bei allen Früchten und Knollen wandern Natrium- und Kaliumionen durch die Membrane der Zellen ins Kochwasser, wenn dieses nicht gesalzen ist. Die Kartoffel und alle anderen Früchte, die vor dem Verzehr gekocht werden müssen, schmecken dann fade. Gleicht man das Konzentrationsgefälle durch Salzen des Kochwassers aus, wird dieser Aroma- und Nährstoffverlust verhindert. Die Lösung ist bereits gesättigt und die Wanderung der Ionen gestoppt.

Ja, heißt es da, aber die Kartoffel nimmt doch auch Salz auf. Falsch!

Die Wärmeübertragung vom Wasser auf die Kartoffel und dann

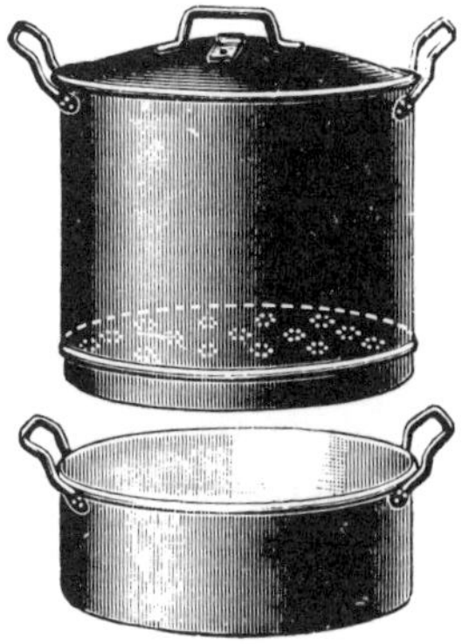

»Kartoffelkocher, gestanzt.« Salz dringt zwar nie in die Kartoffeln ein, ohne Salz im Kochwasser treten aber wertvolle Mineralien aus.

in der Kartoffel findet durch Wärmeleitung statt. Von außen nach innen stößt ein Molekül das andere an und bringt es zum Schwingen. Die Bewegung der Moleküle empfinden wir als Wärme. Bei diesem Vorgang hat Wasser, das sich um die einzelne Kartoffel herum befindet, keine Chance, ins Innere zu gelangen. Es gibt dafür keine Kanäle. Die Kartoffel ist praktisch dicht. Da kein Wasser eindringt, kann auch mit dem Wasser kein Salz in die Kartoffel gelangen. Deshalb funktioniert der alte Küchentrick auch nicht, bei einer versalzenen Suppe rohe Kartoffelstücke mitzukochen. Kartoffeln, ob ganz oder in Stücke oder in Scheiben geschnitten, sind keine Salzschlucker. Man kann den Salzgehalt einer Lösung (oder Suppe) durch die Bestimmung von deren Leitfähigkeit herausfinden. Die Leitfähigkeit von unterschiedlich stark ge- oder versalzenen Suppen ändert sich aber durch das Mitkochen von Kartoffeln überhaupt nicht.[221] Der Trick funktioniert nicht. So einfach ist das.

Umgekehrt können aber sehr wohl Inhaltsstoffe der Kartoffel ins Kochwasser übergehen. Salziges Kochwasser verringert diesen Prozess. Dasselbe gilt übrigens auch für jedes Gemüse. Die Fraktion der Salzfreikocher nimmt einfach etwas weniger Mineralien zu sich. Beim Abschütten des Wassers bleibt – wie bei Nudeln – auf den Kartoffeln eine feine Salzkruste zurück, die ihren feinen Geschmack verstärkt. Salzkartoffeln sind deshalb eigentlich Salzkrustenkartoffeln. Es würde mich nicht wundern, wenn der Begriff demnächst auf der einen oder anderen Speisekarte auftauchte. Ein für die CMA schreibender Ernährungsberater glaubt: »Damit Kartoffeln nicht überkochen, empfiehlt es sich, dem Wasser etwas Öl oder Butter zuzufügen.«[222] Ich aber wüsste gerne, wie dieser Glaube zustande gekommen ist oder auf welchen Hilfsglauben er sich stützt. Etwa auf den, Öl habe einen höheren Siedepunkt und »drücke« das aufbrodelnde Wasser damit herunter? Oder den, der Öl- bzw. Butterfilm liege auf dem Kochwasser wie ein Deckel? Manche behaupten, es hänge mit einer verringerten Oberflächenspannung durch das Fett zusammen. Tatsache bleibt allerdings, dass Wasser, auf dem Öl schwimmt, genauso überkocht wie Wasser ohne Ölschicht.

Salzlämmer sind vorgesalzen

Lämmer und Hammel, die auf den Salzwiesen der Normandie weiden, werden »agneaux pré salé« genannt, Lämmer der Salzweide. In Deutschland, wo es einen Hang zu Komposita gibt, wird auch der Begriff Salzgraslamm verwendet. In der *Welt am Sonntag* war am 30. November 2003 Erstaunliches über »das berühmte Pre-Salé-Lamm« (in genau dieser Schreibweise) zu lesen, »das aus seinen Tagen auf meeresnahen bretonischen Weiden leicht ›vorgesalzenes‹ Fleisch« liefere.[223]

Ein österreichisches Online-Nachschlagewerk für Küchenfachwörter wagt sogar diese kühne Erläuterung: »An den Küsten Nordfrankreichs werden die besten Schafe gezüchtet. Die beste Qualität heißt: ›agneau pré salé‹. Die Tiere grasen auf den salzhaltigen, würzigen Weiden in Meeresnähe, wo sie sich mit der Futteraufnahme gleichsam selbst von innen salzen (›pré salé‹ = vorgesalzen). Aroma und Geschmack des Fleisches sind einmalig gut, und man benötigt in der Tat kaum mehr Gewürze.«[224]

Vorsichtigere Autoren bezeichnen das Fleisch der Normandiehammel allerdings nicht als salzig, sondern rühmen dessen »kräftigen Geschmack«. Die Assoziation mit den salzüberzogenen Weiden überlassen sie den Lesern und deren Hirne rasten bei der Kette Meer → Salz → Hammel → kräftig fast automatisch bei einer Übersetzung ein, die das Hammelfleisch praktisch von innen heraus gewürzt erscheinen lässt.

Wenige nur wagen sich an Behauptungen, die einen Zusammenhang von Salzaufnahme und Fleischgeschmack herstellen: »Wegen der jod- und meersalzhaltigen Wiesen ist das Fleisch dieser Lämmer im Geschmack besonders würzig«, meint der Schweizer Kulinariker »Ruedi«, zum »Pre-salé-Lamm«.[225]

Biochemisch oder auch biophysikalisch ist das natürlich nicht möglich. Ganz korrekt werden die Lämmer, um die es hier geht, in Frankreich »agneaux *des* prés salés« genannt. Es handelt sich nämlich nicht um »vorgesalzene« Lämmer (agneaux salés aux préalable), sondern um Lämmer, die auf den salzigen Weiden (des prés salés) der Normandie weiden.[226]

Der Mythos der vorgesalzenen Lämmer konnte also nur in Deutschland entstehen und auch nur in einer Gruppe von des Französischen und Englischen je zur Hälfte mächtigen Möchtegerngourmets. Pre-salted lamb würde im Deutschen wohl so etwas wie »zuvor gesalzenes Lamm« bedeuten. Natürlich gibt es den Ausdruck nicht. Die französische Tourismusbranche schlachtet den Mythos des vorgesalzenen Lammfleischs trotzdem kräftig aus.

Dass dieses begehrte Lammfleisch selbst in der Normandie nur äußerst schwer zu beschaffen ist und außerhalb der Normandie so gut wie gar nicht, hat vor allem in Deutschland den Mythos verstärkt. Die sprachlich und biologisch Halbgebildeten werden nicht müde, vom salzigen Geschmack des agneau des prés salés zu schwärmen, das sie wahrscheinlich auch weiterhin als »vorgesalzenes« Lamm bezeichnen werden.[227]

Scharfes Anbraten garantiert einen saftigen Braten

Das wäre so schön einfach: Je heißer das Fett, desto saftiger der Braten. Den Herstellern von Pflanzenfett ist es gelungen, durch jahrzehntelange Propaganda nicht nur Hausfrauen, sondern auch Köche und selbst den Gründer einer Steakhauskette glauben zu machen, scharfes, also möglichst heißes Anbraten würde zwangsläufig zu einem saftigen Braten oder Steak führen.[228] Die Hitze kann nach dieser Theorie nicht groß genug sein. Mindestens 140 Grad, 180 Grad, 200 Grad, wer bietet mehr? Auch Molekulargastronom Hervé This-Benckhard ist der Meinung: »Ein Braten muss bei hohen Temperaturen garen, wenn er gut werden soll: Der Ofen muss vorgeheizt und das Fleisch mit Öl bestrichen werden.«[229] Erst bei diesen Temperaturen, so heißt es (nicht bei This-Benckhard, aber sonst fast überall), würden die Poren geschlossen und ein Austreten des Fleischsafts verhindert. Die angeblich zu schließenden Poren des Fleischs haben große Löcher im kollektiven Bewusstsein hinterlassen. Aus ihnen heraus tropft und fließt der gesunde Menschenverstand und lässt sich einreden, eine Fleischkruste sei eine Art Folie, mittels derer der Fleischsaft am Austreten gehindert werde. Selbst die Autorin eines Buches, dessen Titel (*Fleisch sanft garen bei Niedrigtemperatur*) das Gegenteil vermuten lässt, empfiehlt: »Beim heißen Anbraten schließen sich die Fleischporen. Durch den Hitzeschock zieht sich der Fleischsaft in das Innere des Fleischstücks zurück. Lässt man das Fleisch anschließend ruhen, kann es sich wieder entspannen; der Fleischsaft zirkuliert im ganzen Stück und verteilt sich gleichmäßig.«[230]

Gegen die Behauptung der zu schließenden Poren spricht allerdings eine entscheidende Tatsache: Fleisch hat überhaupt keine Poren. Haut hat Poren, Fleisch besteht aus ungeschützten, offenliegenden Muskelzellen. Deshalb gibt es im oder am Fleisch auch nichts zu schließen.

Werner Wirth schreibt die Mär vom Porenschließen »einem russischen Wissenschaftler« zu, der sie 1926 in die Welt gesetzt habe.[231] Mit dieser eher vagen Information brauchen wir uns aber nicht zufriedenzugeben. Urheber des Irrtums der zu schließenden Poren ist nämlich nicht irgendein Wissenschaftler und auch nicht die

Fettindustrie, sondern der hochverdiente deutsche Chemiker Justus von Liebig (1803–1873). Er hat für die Lebensmittelverarbeitung viele wertvolle Entdeckungen gemacht. Vor allem »Liebig's Fleischextrakt« (nur echt mit dem falschen Apostroph) war eine revolutionäre Erfindung. Die Erfindung Liebigs toppten 1889 Julius Maggi und Karl Knorr, die eiweißhaltigem Bohnenmehl einen fleischähnlichen Geschmack abtrotzten. Die konkrete Stelle, an der Liebig seine These von den Poren erläutert, die angeblich geschlossen werden, ist gar nicht so leicht zu finden und wird normalerweise großzügig vernachlässigt. Liebig hatte herausgefunden, dass Proteine beim Erhitzen gerinnen.[232] Da sie das auch am und im Fleisch tun, folgerte er daraus etwas zu schnell, die geronnenen Proteine würden an der Oberfläche eines gebratenen Stücks Fleisch eine feste Schicht bilden (die Kruste eben) und den Bratensaft (die Zellflüssigkeit) am Austreten hindern. Verbreitet wurde Liebigs Theorie u.a. von E.F. v. Gorup-Besanez in seinem *Lehrbuch der physiologischen Chemie*. Im Kapitel über die »Chemie des Muskelgewebes« schreibt er, ein Auslaugen des Fleischs beim Kochen sei dadurch zu verhindern, »dass man das Fleisch erst in den Topf bringt, wenn das Wasser bereits kocht, d.h. aufwallt, und es nun einige Minuten damit sieden lässt; das sofort gerinnende Albumin verschließt die Poren, es kann aus dem Fleische nichts mehr austreten, und es bleibt nur noch übrig, die innere Masse durch die Hitze in ihrem eigenen Safte gar werden zu lassen«.[233]

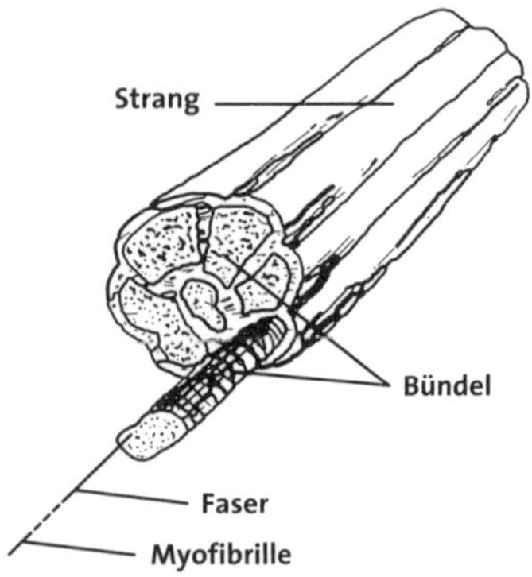

So ist unser Fleischstück aufgebaut.

Die Fleischkruste wird aber im Gegenteil erst durch das Anbraten durchlässig für den Fleischsaft. Aus einem rohen Stück Fleisch läuft, außer aus den wenigen zerschnittenen Zellen an seiner Oberfläche, kein Saft aus. Die Kollagenverbindungen, die den Verzehr eines rohen Stücks Fleisch verhindern, halten die Zellstrukturen aufrecht. Bei einem gebratenen Stück Fleisch sind diese Zellverbindungen zerstört. Dadurch können wir es essen. Außerdem sind viele Fleischzellen geplatzt. Die Zellflüssigkeit sucht sich ihren Weg. Sie findet ihn durch Tausende Risse und Kanäle in den Zellzwischenräumen, in denen das Kollagen zu schmackhafter Gelatine umgewandelt wurde.

Die falsche Vorstellung vom austretenden Fleischsaft und alle Empfehlungen, wie dieser Vorgang zu verhindern sei, verbreitete über Jahrzehnte auch das französische Standardwerk *Larousse Gastronomique*.[234]

Für den angenehmen Geschmack angebratenen Fleischs wurde im gesamten 19. Jahrhundert ein geheimnisvoller Stoff namens Osmazom verantwortlich gemacht. Der Kunsthistoriker Karl Friedrich von Rumohr glaubte, er entstünde am besten, wenn man Fleisch möglichst schnell großer Hitze aussetze: »Die englische, oder vielmehr die homerische Art zu braten, beruht auf dem Kunstvorteile, dem Fleische gleich anfangs durch eine schnell andringende Hitze einen Überzug zu geben, welcher die Verdunstung der edleren, im Fleisch enthaltenen Säfte und Salze während der nachfolgenden langsameren Erhitzung verhindert.« Die Oberfläche des Fleischs solle sich dabei »nur ganz leicht zusammenziehen, eine härtliche Haut bilden«.[235] Rumohr schrieb dies 1822, also einige Jahrzehnte vor Liebig, dem aber die Ehre gebührt, für den tatsächlich nicht entstehenden »Überzug« auch noch eine falsche Erklärung anzubieten. Auch der berühmte französische Koch-Reformer Jean Anthelme Brillat-Savarin führte die Bräunung des Fleischs noch auf den »Osmazom« genannten Stoff zurück, den es gar nicht gibt. Als Osmazom bezeichnete man zu seiner Zeit (Anfang des

19. Jahrhunderts) eine ganze Reihe wasserlöslicher Stoffe im Fleisch.[236]

Tatsächlich verbinden sich die im Fleisch enthaltenen Zuckermoleküle mit Eiweißen zu einer aromatischen braunen Kruste. Dabei bilden sich gleichzeitig zahlreiche flüchtige Aromastoffe, die den typischen Bratengeschmack ausmachen. Der französische Biochemiker Louis-Camille Maillard hat das erkannt und die Reaktion ist deshalb nach ihm benannt worden. Die Maillard-Reaktion ist das Allerwichtigste beim Kochen und Backen, nur ihretwegen unternehmen wir den ganzen Aufwand.

Die fast zwei Jahrhunderte lang wiederholte Behauptung, durch »scharfes«, also viel zu heißes Anbraten von Fleisch ließe sich ein »Überzug« herstellen, ist eine Ursache für diesen noch heute verbreiteten Aberglauben. Daneben ist vor allem eine jahrzehntelang verbreitete Werbebehauptung eines einzigen Fettherstellers dafür verantwortlich, dass heute trotz offen zutage liegender Erkenntnis immer noch viele Menschen davon überzeugt sind, bei Steaks und Braten seien Poren zu schließen. Und selbst wenn sie es besser wissen, wagen viele doch nicht den Schritt, ihre lange Jahre geübte Praxis zu ändern.

Die Entdeckung, dass Fleisch bei niedriger Temperatur wesentlich besser und zarter zu garen ist, möchten dagegen viele für sich reklamieren. Als ihr erster Wiederentdecker gilt der Graf von Rumford (1753–1814). Er fand heraus, dass zunächst angebratenes Fleisch, bei schwacher Temperatur fertiggegart, zu einem zarten, innen auf jeden Fall rosaroten Fleisch wird. Auf dieser Erkenntnis beruht noch heute die englische Methode der Zubereitung von Roastbeef. Wesentlich später, im ausgehenden 20. Jahrhundert, soll die Züricher Köchin Agnes Amberg dieselbe Methode unabhängig davon nochmals erfunden haben.[237] Vielleicht hatte sie ja auch vom »Mexikanischen Barbecue« gehört: Auf den Fleischgrill wird ein Kanister gestellt, in den große Fleischstücke hineinkommen. Das

Ganze wird wenigstens zwei Tage lang auf etwa 70 Grad erhitzt. Aromatisches, zartes Fleisch ist damit garantiert.

Hier eine Zusammenfassung der Vorteile des Garens bei niedrigen Temperaturen:

- Die Qualität des fertigen Bratens steigt.
- Der Verschmutzungsgrad im Gerät nimmt ab.
- Die Reinigungskosten werden positiv beeinflusst.
- Je länger der Garprozess dauert, desto geringer sind die Energiekosten.
- Die Warenkosten werden erheblich verringert.
- Die Arbeitsorganisation fällt leichter.

Eine ideale Methode, sich das scharfe Anbraten abzugewöhnen, ist eine von mir persönlich erfundene.[238] Ich verwende zum Anbraten einfach Butter. Butter enthält viel Wasser, etwa 16 Prozent. Beim Erhitzen verdampft zuerst der Wasseranteil der Butter (siehe auch die entsprechende Grafik unter »Geklärte Butter ist besser zum Braten«). Dabei entsteht Verdunstungskälte und die gesamte Masse kühlt wieder leicht ab. Physiker nennen das Verdunstungsenthalpie. Enthalpie ist das Maß für die Energie eines thermodynamischen Systems. Wer das versteht, versteht es, alle anderen brauchen es nicht zu wissen. Beim Erhitzen, das ist das Einzige, was man wissen muss, verlassen Wassermoleküle die Butter. Dabei wird der verbleibenden flüssigen Butter so viel Energie entzogen, dass sie sich nicht weiter erhitzen lässt. Erst wenn das gesamte Wasser verdampft ist, kann Butter heißer als 100 Grad werden, maximal aber 150 Grad.

Moral: Glaubt keinen Autoritäten der Kochkunst!

Schaum auf ausgekochtem Suppenfleisch muss abgeschöpft werden

Das macht man so. Das hat man immer so gemacht. Das wird schon einen Sinn haben. Belgier schöpfen sogar den Schaum vom Bier ab, das heißt, sie streichen die Blume, das Beste am Bier, mit einem Holzstäbchen ab. Ich sehe dann immer in eine andere Richtung. Die Meinung des molekularphysiologischen Kochprofessors Thomas Vilgis über die alte Küchenweisheit, der Schaum müsse von der Suppe abgeschöpft werden, lautet: Kann man machen, muss man aber nicht. Und er hat recht: »Nur weil es in verschiedenen Kochstadien ein wenig unappetitlich aussieht, ist etwas noch lange nicht schädlich.«[239] Die aus dem Fleisch austretenden Proteine gerinnen im Wasser und sehen nicht gut aus. Sie sehen gar nicht gut aus, wirklich nicht. Das ist aber kein Grund, sie abzuschöpfen und wegzuwerfen. Nach einigen Minuten Kochzeit lösen sich die Eiweißklümpchen nämlich wieder in der Brühe und tragen zu deren Geschmack wesentlich bei. Nur wer eine vollkommen klare Brühe haben will, muss auf diesen Geschmacksträger verzichten – wahrscheinlich dafür aber andere einsetzen.

Schnellkochtöpfe können explodieren

Wenn Schnellkochtöpfe explodieren könnten, wären schon Hunderte von Familien ausgelöscht. Zu leicht vergisst man, die Energiezufuhr zu drosseln oder abzustellen. Im verschlossenen Topf wird dann weiter und weiter Druck aufgebaut, der sich tatsächlich verheerend auswirken *könnte*.

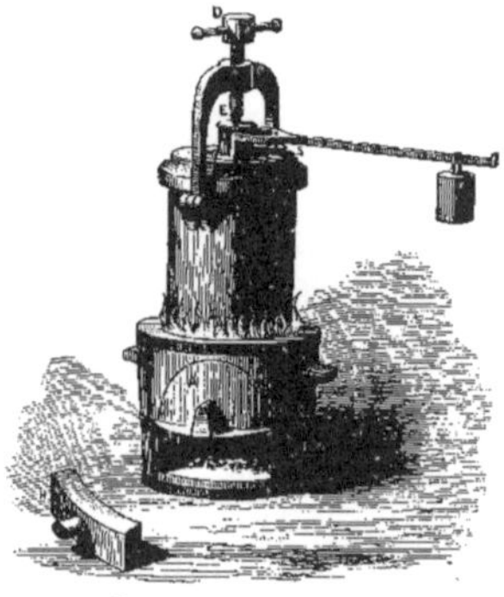

Papin'scher Drucktopf von 1679. Auch dieser Topf war schon mit einem Sicherheitsventil ausgestattet.

Würden auch heute noch Töpfe der Bauart verwendet, die ihr Erfinder Denis Papin (1647–1712) benutzte, würde man sicher häufiger von derartigen Explosionen hören. Ein einziges Sicherheitsventil reicht nämlich nicht aus. Heutige Schnellkochtöpfe sind aber mit zwei Überdruckventilen ausgestattet und haben zumindest im kontinentalen Europa ein vertrauenerweckendes Design. Englische und amerikanische »pressure cooker« wirken dagegen noch immer eher wie ein fast 150 Jahre alter Gutbrod-Drucktopf.

Meiner Oma ist es im Laufe ihrer Köchinnenkarriere trotz doppelter Sicherheitsventile zweimal gelungen, einen Schnellkochtopf so stark zu erhitzen, dass sich das Sicherheitsventil zuerst öffnete, dann abriss und samt vier Litern Rotkohl eine interessante Küchendekoration hervorrief.

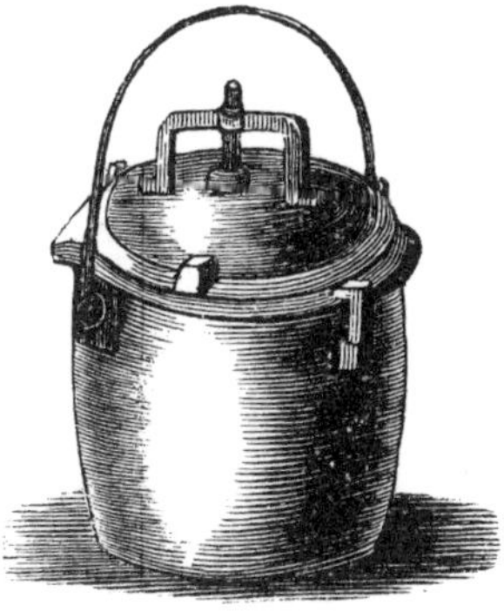

Gutbrod-Drucktopf von 1864, nur ein Sicherheitsventil und eine beängstigende Granatenform.

Der Papin'sche Topf wurde übrigens schon 1679 erfunden, aber schlechte Erfahrungen (siehe das Beispiel meiner Oma) haben dazu geführt, dass die weiterentwickelte und technisch absolut sichere Version dieses nützlichen Geräts in vielen Küchen noch hinter dem Römertopf und der elektrischen Saftpresse versteckt wird. Dieselbe Erfahrung wie meine Oma machte übrigens auch der Erfinder selbst bei einer Vorführung seines Topfs vor der Royal Society.

Bei einem mäßigen Überdruck von nicht einmal 1 bar (= 1000 mbar = 1000 hPa) steigt die Temperatur im Inneren eines Drucktopfs übrigens nicht höher als 119 Grad. Wird der Druck durch weitere Wärmezufuhr erhöht, öffnet sich ein Sicherheitsventil. Jede Menge Wasserdampf entweicht fauchend in die Küche. Weil das niemand lange gut findet, wird dann normalerweise die Wärmezufuhr verringert, bis nur noch der gewünschte Überdruck von 1 bar gehalten wird. Diese kleine Steigerung reicht aber aus, um das Kochgut in der Hälfte bis einem Viertel der üblichen Kochzeit zu garen. Eine alte Chemikerfaustregel lautet: Eine Reaktion findet in der Hälfte der Zeit statt, wenn die Temperatur um 10 Grad erhöht wird. Ein Beispiel: Mittelgroße Kartoffeln müssen normalerweise 20 Minuten kochen. Bei 110 Grad reichen zehn Minuten aus, bei 120 Grad fünf Minuten. Da ein Drucktopf etwa 119 Grad erreicht, sind die Kartoffeln in genau sechs Minuten fertig, so, wie es im Verkaufsprospekt jedes Schnellkochtopfs korrekt behauptet und von unzähligen Köchen täglich praktiziert wird. Das Zerstören von Kartoffelzellen ist zwar keine reine chemische Reaktion, sondern eher ein physikalischer Vorgang, trotzdem passt die Chemikerfaustregel auch hier.

Über die Temperaturen, die im Schnellkochtopf herrschen, sind allerdings unterschiedliche Vermutungen in Umlauf. Silke Maier vermutet, dass bis zu 130 Grad erreicht werden können.[240] Die Firma Silit gibt dagegen für ihre Töpfe bei Kochstufe 1 und einem Druck von 0,3 bar (300 hPa) eine Temperatur von 107 Grad an, bei Kochstufe 2 und einem Druck von 0,9 bar (900 hPa) eine Temperatur von 119 Grad. Auf dem Montblanc dagegen lässt der geringere Luftdruck Wasser schon bei 83 Grad sieden und auf den Bergen des Himalaja schon bei 70 Grad. Köche, die ihre Speisen aromaschonend zubereiten wollen, begeben sich direkt dorthin, gehen nicht über Los und ziehen nicht 4000 Euro ein (siehe dazu auch »Niedriger Luftdruck lässt Aromen stärker zur Geltung kommen«).

In der Millionenfrage eines beliebten Fernsehquiz (es war tatsächlich die letzte, die der Kandidatin gestellt wurde) fragte der Quizmaster Jauch am 10. Dezember 2007 nach dem Erfinder des Dampfkochtopfs. Unter den vier angebotenen Antworten befand sich allerdings nicht Denis Papin. Als richtige Antwort, die die Kandidatin selbstverständlich nicht wusste, wurde Karl Friedrich von

Drais, eigentlich Karl Friedrich Christian Ludwig Freiherr Drais von Sauerbronn (1785–1851), genannt. Der Erfinder vieler nützlicher Dinge, u.a. der Draisine, hat allerdings überhaupt nichts mit dem Dampfdrucktopf zu tun. Er erfand eine ohne Druck funktionierende, gut isolierte Kochkiste. Ob die Kandidatin allerdings auf Papin getippt, ihn vielleicht sogar gekannt hätte, wurde nie geklärt. Der Fall der »krummen Millionenfrage« wurde von dem Fernsehsender nicht weiter kommentiert.[241]

(Zu Schnellkochtöpfen siehe auch »Linsen und Erbsen müssen vor dem Kochen eingeweicht werden«.)

Schrumpfende Koteletts 1: eine Folge industrieller Fleischproduktion

Journalisten mögen das Thema. Etwas Umweltschutz, etwas geschundene Kreatur, etwas Halbkriminelles, ein paar korrupte Tierärzte und am Schluss noch etwas Gourmetgebaren und schon ist ein Artikel, ein Feature oder ein scheinbar gut recherchierter Hintergrundbericht fertig.

Ein Mythos, der fast so weit verbreitet ist wie der von der fleischzersetzenden Wirkung von Cola lautet: In der Pfanne schrumpfende Koteletts sind auf industrielle Fleischproduktion zurückzuführen. Das Böse lauert nach dieser Logik in global vermarktenden Fleischfirmen und in der Massentierhaltung. Leider ist die Welt nicht so einfach strukturiert, dass sich das Böse so leicht identifizieren ließe.

Es ist also zunächst zu klären,

a) ob es tatsächlich (noch) stimmt, dass Schnitzel und Koteletts in der Pfanne über Gebühr schrumpfen, und
b) worauf dies zurückzuführen ist oder war.

Zur Klärung der unter a) gestellten Frage habe ich einige Tests gemacht. Ich kaufte beim Biomarkt, beim Metzger und im Supermarkt je ein Schnitzel. Biomarkt-Verkäufer und Metzger beglückwünschten mich zu meiner weisen

Entscheidung, mein Fleisch beim Fachmann zu kaufen, und versprachen mir einen unvergleichlichen Genuss. Im Supermarkt, eigentlich ein Megastore, sprach keiner mit mir. Die reine Anonymität. Ich hatte alle Mühe, aus dem riesigen Warenangebot ein eingeschweißtes Schnitzel herauszusuchen. Alle drei Schnitzel bereitete ich auf dieselbe schonende Weise zu. Auch wenn ich es gewollt hätte, konnte ich nicht feststellen, dass sich eines gegenüber den anderen in der Pfanne irgendwie anders verhielt. Bei der Blindverköstigung durch einen Freund und meine Frau (ich aß auch mit) gab es noch eine Überraschung. Uns allen schmeckte das Supermarktschnitzel am besten. Wir waren schockiert. Trotz allem sind sehr viele Menschen davon überzeugt, dass eine merkliche Schrumpfung auftritt, wenn sie Supermarktschnitzel zubereiten.

In *NEON*, dem Jugendmagazin der Zeitschrift *Stern*, wird am 2.1.2006 ein »Scheinfleischesser« beschrieben, offensichtlich ein Banause mit folgenden Ernährungsvorlieben: »Leberkäse, Würstchen direkt aus der Plastikpackung, eingelegter Halsgrat zum Grillen, der auf 20 Prozent seiner ursprünglichen Größe schrumpft, Döner Kebap mit mehr als 30 Prozent Sägemehlanteil«.[242] Natürlich ist diese Beschreibung ein Stück Literatur und keine Schilderung tatsächlicher Zustände. Trotzdem spiegelt sich in ihr Volkes Meinung und wird hier gleichzeitig noch verstärkt.

Über schrumpfende Koteletts versucht etwa das von mehreren Bio-Fleisch-Vermarktungsfirmen[243] herausgegebene Magazin *tierisch engagiert,* Schüler der Mittelstufe mit der folgenden, sehr schönen Geschichte aufzuklären:

»›Der Wettbewerb kann beginnen!‹, feuerte Manuel seine Freunde an, klatschte in die Hände und tat einen Pfiff. Paul und Lisa drängelten sich an den Herd, zündeten das Gas an und jeder von den beiden platzierte eine Pfanne mit Fett auf einer der Kochplatten. ›Jetzt die Koteletts‹, spornte Manuel erneut an, während die beiden sich bereits jeder ein Kotelett aus dem Kühlschrank genommen hatten und dieses jeweils mittig in ihre Pfanne legten. Das Fett spritzte, Lisa schrie auf, Paul tat lässig, obwohl auch er einige Spritzer auf den Arm bekommen hatte. Beide Koteletts brutzelten in der Pfanne, schienen manchmal unter der Hitze fast ein wenig zu hüpfen. [...] ›Jetzt kann man es sehen‹, sagte er und schaute Paul und Lisa an. Beide warfen einen Blick in ihre Pfanne. Die zwei Koteletts waren ungefähr gleich groß, bevor sie in den Pfannen gelandet waren. Jetzt aber, Lisa blickte fast etwas böse auf das Stück Fleisch herunter, war ihr Kotelett nur noch halb so groß wie das von Paul. Und dabei hatte sie sicher doppelt so großen Hunger wie er!«[244]

Eine schöne Geschichte, sehr anschaulich und gut erzählt, aber auch sie ist bloß ein Stück Literatur und wirklich unglaublich. »Halb so groß« wie das ihres Mitschülers soll das Kotelett von Lisa am Ende gewesen sein. Halb so groß, das hieße, bei einem Durchmesser von angenommenen zehn Zentimetern, den das Kotelett von Paul nach dem Anbraten hatte, das von Lisa hätte immerhin noch sieben Zentimeter Durchmesser gehabt. (Bei einem Durchmesser von zehn Zentimetern ist der Flächeninhalt 78,54 Quadratzentimeter. Die Hälfte davon sind 39,225 Quadratzentimeter, die haben immer noch einen Durchmesser von 7,067 Zentimeter.) Ob das bei dem unnötig spritzenden Fett überhaupt aufgefallen wäre? Wichtiger aber ist noch die Frage, worauf diese Schrumpfung zurückzuführen ist.

Schrumpfende Koteletts 2: eine Folge von Hormonspritzen

Eine gängige Erklärung ist die, es handele sich um PSE-Fleisch (pale = blass, soft = weich, exudative = wässrig), hervorgerufen durch Hormonspritzen. Was diese Erklärung etwas entwertet, ist die Behauptung, dass DFD-Fleisch (dark = dunkel, firm = fest, dry = trocken), also Fleisch, das exakt gegenteilig aussieht bzw. gegenteilige Eigenschaften hat, auf dieselben Ursachen zurückzuführen sei. Die Behauptung, Fleisch von derart hormonell behandelten Tieren komme weiterhin in den Handel, ist schlichtweg falsch. Hormone, die das Wachstum von Tieren fördern, sind in der Tierzucht in ganz Europa verboten.

»Fleisch von Tieren, die nicht einigermassen artgerecht gewachsen, richtig gehegt und auch mit einem Quäntchen Respekt behandelt worden sind, schmeckt nie so, wie es schmecken sollte. Es verliert an Würze, der Geschmack bereitet selten Freude, es riecht oft ziemlich unpassend, stinkt bisweilen, verdampft Wasser und schrumpft in der Pfanne oft zu einem betrüblichen Faserlappen zusammen. Fleisch von glücklichen Sauen dagegen, die auf einer Weide leben, die winters und sommers Freigang haben, bauen ihren Speck langsamer auf, sind deshalb weniger wirtschaftlich – aber nur auf einen fahrigen ersten Blick. Ihr Fleisch schmeckt würziger, voller.« Das jedenfalls behauptete Paul Imhof im *Züricher Tagesanzeiger* am 12.3.2005 und drückte sich mit blassen und weichen Formulierungen um die Erklärung herum, *warum* das so sein sollte.[245]

Selbst Politiker und Parteien tradieren gelegentlich die längst überholte und aus guten Gründen (zum Wohle von Tier und Mensch) verbotene Verwendung hormoneller Wachstumsförderer. So meinen »Die Grünen« im Bundestag noch immer, der Verzicht auf wachstumsfördernde Hormone sei ein Alleinstellungsmerkmal von Bio-Fleisch: »Die Tiere aus Biobetrieben werden artgerecht gehalten, wachsen langsamer heran – ohne Wachstumsförderer und Antibiotika – und lagern weniger Wasser ein.«[246]

Entsprechende Nachweise fehlen leider. Konkreter werden da schon die Skeptiker der Biovermarktung: »Der Glaube, gesündere Lebensmittel zu verzehren, die Gewissheit, weniger Zusatzstoffe zu konsumieren, der deutlich bessere Geschmack der Produkte und das Vertrauen in Herkunft und Regionalität sowie die größere Nahrhaftigkeit (höherwertiger Energielieferant) gegenüber herkömmlichen Produkten (Bsp. Fleisch: ›herkömmliches Fleisch schrumpft in der Pfanne‹) waren frei, spontan und ungestützt von den Teilnehmern artikulierte Kernmotive beim Kauf von Bio-Produkten«,[247] heißt es in einer Machbarkeitsstudie über die Vermarktungsmöglichkeiten für regional erzeugte Milch mit erhöhtem Omega-3-Gehalt.

Schrumpfende Koteletts 3: eine Folge von Gerangel beim Transport

Mit Unterstützung des Bundesministeriums für Ernährung, Landwirtschaft und Verbraucherschutz (bis 2005) verkünden der »Informationsdienst Verbraucherschutz, Ernährung, Landwirtschaft«, Bonn und die »Zentralstelle für Agrardokumentation und -information« (ja, die gibt es auch!), ebenfalls in Bonn, auf einer gemeinsamen Internetseite: »Wenn das Schnitzel in der Pfanne schrumpft, das Fleischstück viel Flüssigkeit verliert und die Zartheit mit einer Schuhsohle zu vergleichen ist, war das Tier kurz vor dem Schlachten starkem Stress ausgeliefert. Wie kommt es dazu? […] Stress löst beim Tier (wie auch beim Menschen) Körperreaktionen aus, die es für den Notfall wappnen sollen. Um fliehen oder kämpfen zu können, wird mehr Energie bereitgestellt. Dabei bilden sich auch Säuren (die beim Sport beispielsweise die Muskelermüdung hervorrufen). Wird das Tier in diesem Zustand geschlachtet, können die Säuren nicht mehr vom Blut aus den Muskeln abtransportiert und abgebaut werden. Diese im Muskelfleisch verbleibenden Säuren senken den pH-Wert und damit auch das Safthaltevermögen des Fleisches. Bei normalen pH-Werten bindet ein Teil Muskeleiweiß zwei Teile Wasser.«[248] Damit wird uns von kompetenter Seite nach Massentierhaltung und angeblicher Hormonbehandlung eine dritte Ursache für das schrumpfende Kotelett aufgetischt: Stress.

Dass es aber beim Transport von Tieren zum Schlachthof oder auf dem Schlachthof selbst zu Stoffwechselstörungen kommt, die sich in einem wie auch immer erkennbaren »Qualitätsmangel« niederschlagen, ist keineswegs erwiesen. Als Verkaufsargument für »Bio-Fleisch« ist diese Behauptung aber unschlagbar. Längere Mastzeiten sollen etwa dazu führen, dass das Fleisch einen geringeren Wassergehalt aufweist.[249]

Ähnlich ist eine Begründung, die im Bayerischen Rundfunk gegeben wird, Stand: 06.06.2005. Für schrumpfendes Fleisch sollen arttypische Rangordnungskämpfe beim Transport verantwortlich sein. Beim Transport von Schlachttieren müssen in Europa einheitlich festgelegte Ruhezeiten eingehalten werden. »Ist diese Verschnaufpause allerdings zu lang, kommt es bei Schweinen oft zu Rangordnungskämpfen. Das zehrt an den Energievorräten in den Muskeln der Tiere. Das Fleisch wird dadurch wässrig und schrumpft beim Braten extrem zusammen. Im schlimmsten Fall, wenn sich die Tiere über längere Zeit verausgaben, werden die Energievorräte der Muskeln vollständig aufgebraucht. Auch bei Rindern gibt es ähnliche Probleme. Das Fleisch ist in rohem Zustand sehr dunkel, sehr klebrig und sehr leimig, sagt Matthias Moje von der Bundesforschungsanstalt für Fleischforschung in Kulmbach. Meist wird solches Fleisch zu Wurst verarbeitet.«[250]

Schrumpfende Koteletts 4: eine Folge falschen Fleischschnitts

Viele (auch professionelle) Ratgeber machen die Verarbeitung für das Schrumpfen der Koteletts verantwortlich. Richtig, also quer zur Faser geschnittene Fleischstücke verlieren angeblich wenig Zellflüssigkeit. »Falsch geschnittene Fleischstücke verlieren dagegen wertvollen Fleischsaft und werden häufig in der Pfanne hart. Werden Schnitzel parallel zur Faser geschnitten, schrumpfen sie in der Pfanne.«[251]

Auch die Centrale Marketing-Gesellschaft der deutschen Agrarwirtschaft mbH (CMA) empfiehlt, »Fleisch stets quer zur Faser schneiden – egal, ob Schnitzel, Bratenscheiben oder Filetspitzen. Ergeben sich quer zur Faser keine ausreichend großen Stücke, sollte man darauf achten, dass der Schnitt zumindest schräg zur Faser verläuft. Durch die kurzen Fasern bleibt das Fleisch gut kaubar und zart. Falsch geschnittene Fleischstücke verlieren dagegen wertvollen Fleischsaft. Werden Schnitzel parallel zur Faser geschnitten, schrumpfen sie in der Pfanne. Auch für Geschnetzeltes gilt: vom großen Stück zunächst quer zur Faser und dann in Streifen schneiden.«[252] (Siehe zu diesem Thema auch »Fleisch muss quer zur Faser geschnitten werden«.)

So viele Erklärungen erfordern eine physiologische Hintergrundinformation, worum es sich bei dem im Fleisch enthaltenen Wasser eigentlich handelt (mich hat das interessiert): Wasser gibt es im Fleisch in freier und in gebundener Form. vier bis fünf Prozent davon sind mit Wasserstoff-Brücken an Proteine gebunden. Außerdem ist in den Myofibrillen Wasser gebunden. Es gibt aber auch »freies Wasser« im sarkoplasmatischen und extrazellulären Raum. Viele biochemische Prozesse können in den Muskeln nur mithilfe dieses Wassers stattfinden. In den Zellzwischenräumen wird dieses »freie Wasser« durch Kapillarkräfte festgehalten. Diese physiologischen Details haben mich vor allem deshalb interessiert, weil ich wissen wollte, ob wir mit einem »richtig« geschnittenen Stück Fleisch ein besseres Kotelett erhalten. Leider ist das nicht so. Die Ergebnisse unserer Tests bewiesen: Die

Schnittrichtung des Fleischs ist für sein Verhalten in der Pfanne vollkommen egal!

Schrumpfende Koteletts 5: gibt's nicht bei Bio-Fleisch

Ganz hoch her geht die Diskussion über angeblich schrumpfende Koteletts in Chatrooms im Internet. Ursachen werden dabei kaum genannt. Von ihren schlechten Erfahrungen berichten aber viele. Hier nur ein paar sprachlich etwas unappetitliche Beispiele: Ein Teilnehmer, der sich »Oisen« nennt, fragt am 4.7.2005 in einem solchen Chatroom: »Warum schmeckt das Fleisch nicht mehr. Wieder einmal habe ich mir ein Schnitzel gekauft, aber ... nachdem es literweise [???] Wasser verlor, war es weiß, klein, hart und schmeckte total iiiiiih«, und »Joanna« trägt spontan und wie ihr der Schnabel gewachsen ist ihre Erfahrung bei: »Das ist mir in letzter Zeit auch schon aufgefallen. Ich bin schon am Überlegen, ob ich meine Schnitzel mal einem ›Vorher/Nachher‹-Wiegeprozess unterziehe – die Dinger schrumpfen ja in der Pfanne sowas von klein, dass das echt nicht mehr feierlich ist.«

»Tina1801« pflichtet ihr bei: »Das stimmt wirklich. Ich glaube, das liegt am Adrenalin. Die Schnitzel, die der Metzger/Fleischer verkauft, lassen deutlich weniger Wasser. Außerdem sollte man darauf achten, dass die Pfanne richtig heiß ist und nicht zu viel in der Pfanne ist.« Damit geht »Tina1801« natürlich der längst widerlegten Empfehlung zum scharfen Anbraten auf den Leim. »Berolina« aber (wo die wohl wohnt?) stimmt »Tina1801« zu und weiß genau, woher das Übel kommt: »Die beknackten Lebenmittelregeln kommen – wie vieles andere auch – von der EU in Brüssel und müssen dann in nationales Recht umgesetzt werden. Da sitzen eben Bürokraten und entscheiden über unser Essen.«[253] Bürokraten, zumal die in Brüssel, haben einen schlechten Ruf, sonst hießen sie ja auch EU-Verwaltungsengel. Eine ihrer wichtigsten Funktionen besteht aber scheinbar darin, als Prügelknaben für alles herzuhalten, was man für kritikwürdig hält.

Die Frage bleibt aber unbeantwortet: Ist »Bio« in der Pfanne tatsächlich besser? Ganz genau weiß es natürlich die Zeitung *BILD* bzw. deren Redakteure Attila Albert und Katharina Wolf: »Alfred Biolek (72) verwendete in seiner Kochshow *Alfredissimo* Bio- und Normalfleisch. Bilanz nach 456 Folgen: Bio-Fleisch schrumpft weniger. Bio-Fleisch wölbt sich beim Braten nicht. Beides weist auf den geringeren Wassergehalt hin.«[254] Im Umkehrschluss müsste also gelten: Nicht-Bio-Fleisch wölbt sich, *weil* es einen relativ höheren Wasseranteil hat. Der physikalische Vorgang (den leider weder Alfred Biolek noch *BILD* erläutern) läuft etwa so ab: Bei jedem Anbratvorgang tritt (auch bei Bio-Fleisch) »Wasser«, also Zellflüssigkeit, aus der Seite des Koteletts aus, die der Pfanne zugewandt ist. Die weiterhin mit »Wasser« gefüllten Zellen der oberen Kotelettseite bilden dadurch zwangsläufig eine Kuppel, die das Kotelett in der Mitte hochzieht. Da Bio-Fleisch allerdings ganz genauso viel Zellflüssigkeit enthält wie das von traditionell, also schneller gemästeten Tieren, lässt sich bei einem objektiven Anbrattest bei geringer Temperatur keinerlei Unterschied feststellen. (Siehe dazu auch »Scharfes Anbraten garantiert einen saftigen Braten«.)

Dass es ein »Fleischschrumpfen« oder so etwas wie »Schrumpffleisch« überhaupt gibt, wagen nur wenige anzuzweifeln. Gründe für dieses angebliche Phänomen geben noch weniger Ernährungskritiker an. Ganz pauschal und ohne Angabe möglicher physiologischer Zusammenhänge behauptet der BUND Mecklenburg-Vorpommern: »Das Fleisch aus derart industrieller Produktion hat eine schlechte Qualität (blass, wässrig, schrumpft in der Pfanne).« BUND ist allerdings auch der Meinung: »Das in die Atmosphäre entweichende Ammoniak ist einer der Verursacher des Waldsterbens.«[255] So, wie es nie ein großflächiges Waldsterben gab[256], gab es auch nie einen massenweisen Qualitätseinbruch beim Schweinefleisch. Beide Mythen halten sich aber hartnäckig.

Trotz aller Bemühungen um ein besseres Fleisch durch artgerechtere Tierhaltung gibt es keinen objektiven Beweis für eine bessere Fleischqualität bei ökologischer Haltung. Mehrere Blindexperimente, die ich selbst mit engagierten Verfechtern von Bio-Fleisch durchführen konnte, kamen zum gegenteiligen Ergebnis. Die Steaks und Schnitzel von traditionell gezüchteten Tieren schmeckten den wohlmeinenden Bio-Fleisch-Freunden besser als die aus ökologischer Aufzucht. Selbst Karl Ludwig Schweisfurth, ein eifriger Verfechter biologischer Tierzucht, muss resümieren: »Die heute üblichen Messmethoden können ökologische Qualität nicht von normaler unterscheiden.«[257]

Schrumpfende Koteletts 6: Folge einer mutierten Schweinerasse

Nach allen Versuchen, das angeblich überproportionale Schrumpfen von Koteletts in der Pfanne zu erklären, erscheint mir diese Erklärung äußerst plausibel. Als Grund für schrumpfende Schweinekoteletts infolge von PSE-Fleisch kristallisiert sich seit einigen Jahren ein Zuchtfehler heraus. Bis vor wenigen Jahren (etwa bis zum Jahr 2000) wurden Tiere zur Zucht verwendet, die einen mutierten Ryanodin-Rezeptor aufwiesen. Der Ryanodin-Rezeptor ist ein Protein im Skelettmuskel. Grund der Mutation war der Wunsch nach einem hohen Magerfleischanteil. Die Tiere waren dadurch sehr stressanfällig geworden. Sie litten an einer Sauerstoffunterversorgung der Muskeln: »Es besteht heute überhaupt kein Zweifel mehr, dass die Mutation des Ryanodin-Rezeptors in einem engen kausalen Zusammenhang mit dieser bekannten Stressanfälligkeit der Schweine, der Belastungsmyopathie und bestimmten Fleischqualitätsmängeln (PSE) steht«, heißt es in einem entsprechenden Forschungsbericht.[258] Professor Holger Martens schrieb mir dazu: »Es ist wichtig zu betonen, dass die Konsequenzen der Mutation des Ryanodin-Rezeptors im Hinblick auf die Fleischqualität ganz evident bei homozygoten [reinerbigen] Tieren sind. Aus diesem Grunde werden heute, sofern eine Elimination der Mutation noch nicht erfolgt ist, für die Mast heterozygote [mischerbige] Tiere gezüchtet.«[259] Damit wäre auch dieses Problem gelöst und einigen noch immer verbreiteten Irrtümern über angeblich falsche Zubereitungstechniken der Boden entzogen.

Schweinen wurden Zusatzrippen angezüchtet

Man liest es immer wieder, bevorzugt in Veröffentlichungen mit vegetarischer Tendenz: Schweine werden qualvoll gezüchtet, damit sie möglichst schnell zunehmen, und es wurden ihnen zusätzliche Rippen angezüchtet, um mehr Koteletts zu erhalten. Gewissenlose Züchter nähmen gesundheitliche Beeinträchtigungen der Tiere (Gelenkschmerzen, verminderte Bewegungsfähigkeit) in Kauf. Das gelte auch für Bio-Tiere. Um den ganzen Schrecken deutlich zu machen, der mit der angeblich angezüchteten Zusatzrippe verbunden sein soll, erfanden Vegetarier das einprägsame Wort »qualgezüchtet«. Die *Wiener Zeitung* macht als treibende Kraft hinter den Qualzüchtern die Verbraucher aus: »Durch das wachsende Gesundheitsbewusstsein und den Konsumentenwunsch nach magerem Fleisch wurden dem Schwein viel Fett weg und zwei zusätzliche Rippen (= vier Koteletts extra!) angezüchtet.«[260] Stimmt es aber überhaupt, dass Schweine gegenüber ihren Vorfahren mehr Rippen entwickeln, und wenn ja, ist das ein Ergebnis von Züchtung?

Seit etwa 10000 Jahren halten Menschen Schweine in Gefangenschaft. Dabei haben sie ständig darauf geachtet, dass sich nur die Schweine vermehren, die gutes

Fleisch entwickelten. Das ist Züchtung und Züchtung heißt nichts anderes als eine kontrollierte genetische Veränderung. Durch die genetische Veränderung über Tausende Generationen haben sich Hausschweine gegenüber Wildschweinen deutlich verändert. Der Schwanz wurde ganz klein und gekringelt, das Fell ging fast ganz verloren, die Ohren hängen schlaff herab, der Rüssel degenerierte zu einer putzigen Stupsnase. Außerdem wurden die Schweine immer größer, denn größere Tiere bedeuten mehr Fleisch bei relativ weniger Schwarte. Außerdem nahm tatsächlich die Zahl der Rippen zu, von zwölf beim Wildschwein auf 16 bei der Hälfte aller Hausschweine. Einige Ausreißer haben sogar 17 Rippenpaare.[261] Von einer bewussten Züchtung solcher Langschweine kann aber nicht die Rede sein. Schweinezüchter sind nicht daran interessiert, empfindliche, krankheitsanfällige Tiere zu züchten. Genau diese Gefahr besteht aber bei einer zunehmenden Größe, der die inneren Organe nicht angepasst sind. Und zum Schluss eine Nachricht, die alle Schweinezüchter entlastet: Auch fünf Prozent aller Männer in Europa haben ein zusätzliches Rippenpaar, in Japan sind es sieben Prozent und bei den Eskimos sogar 16 Prozent.[262] Die Angabe stammt zwar aus einem anarchischen Internetforum und ich gebe zu, sie nicht überprüft zu haben; trotzdem verweist diese Statistik auf die Tatsache, dass genetische Veränderungen auch ohne Züchtung vorkommen. Nur dadurch ist Evolution möglich.

Soßen lassen sich mit Blattgelatine binden

Fett emulgiert, wenn es mit Wasser oder einer wässrigen Flüssigkeit verquirlt wird. Der Vorgang lässt sich bei der Mayonnaiseherstellung gut beobachten. Ich bezweifle, dass selbst Spitzenköche bei den derzeit ruinösen Preisen für fertige und gute Mayonnaisen ihre eigene Emulsion herstellen, aber sie wissen natürlich schon, wie es geht.

Man gibt Eigelb in eine Rührschüssel, rührt es mit einem Schneebesen oder Elektroquirl glatt, gibt tropfenweise Öl dazu und sieht, wie sich Mayonnaise bildet.

Dasselbe gilt für das Binden von Bratensaft zu einer Soße. Man kann Bratensoßen mit Butter oder mit Soßenbinder oder mit Mehl binden. Das Einzige, was nicht funktioniert, auch wenn es in Kochbüchern wieder und wieder empfohlen wird, ist das Binden von Soßen mit Blattgelatine: »Wenn sich das Fett nicht emulgieren sollte, kann man dem mit einem Blatt Gelatine ganz einfach abhelfen.«[263] Hervé This-Benckhard scheiterte, wie er selbst zugibt, mit dieser Methode kläglich: »Ich musste nicht nur ein bis zwei Blätter zugeben, sondern drei, vier, fünf! Die Viskosität der abgekühlten Sauce ließ nichts zu wünschen übrig, aber wenn man sie erwärmte … Kurz, das Ergebnis war enttäuschend.«[264] Eigentlich kein Wunder, wenn man noch einmal nachvollzieht, was bei der Verwendung von Gelatine passiert. Die Gelatineblätter werden in heißes Wasser gelegt, die Gelatine löst sich, das Trägerpapier wird herausgenommen. Dann wird das Gelatinewasser zum Soßenfond gegeben und der Soßenfond bleibt genauso flüssig, wie er es vorher schon war. Praktischer Nutzen zum Binden der Soße: keiner.

Dass diese Methode zum Soßenbinden völlig ungeeignet ist, kann man schon daran erkennen, dass die Gelatine mit heißem Wasser von ihrem Trägerblatt gelöst wird. Sie bleibt natürlich auch in der Soße gelöst und geliert erst wieder, wenn die Soße kalt wird. Kalt aber will kein Mensch Soße essen. Warum empfehlen einige Kochbücher trotzdem die Zugabe von Gelatine? Es geht um das vollere Mundgefühl, das durch Gelatine erzeugt wird. Ein Trick, den vor allem Hersteller von Fertiggerichten beherrschen. Eine mit Gelatine angereicherte Soße schmeckt einfach vollmundiger, weniger wässrig und wird deshalb von den meisten Menschen bevorzugt.

Soufflés fallen zusammen, wenn man den Ofen zwischendurch öffnet

Der *Pauli*, das Standardwerk für angehende Köche in der Schweiz, gibt als Fehlerquelle für ein misslungenes Soufflé Folgendes an: »Wird während des Aufgehens die Ofentüre geöffnet, kühlt die Luft innert Sekunden ab und der Auflauf fällt in sich zusammen. Ein erneutes Aufgehen ist nicht mehr möglich.«[265] Auch Herde mit Heiß- oder Umluft können, das berichtet Thomas Vilgis, eine verheerende Wirkung haben. Ein Soufflé falle dann zusammen. »Ich hab das mehrmals ausprobiert«, sagt der Physiker.[266] Ausprobiert hat er sicher das Erhitzen eines Soufflés im Heißluftherd, nicht aber das Öffnen der Tür eines normalen Backofens. Ein Soufflé fällt dann nämlich durchaus nicht zusammen. Der Irrtum hält sich trotzdem hartnäckig und die Empfehlung, die Ofentür keinesfalls während des Garvorgangs zu öffnen, findet sich noch immer in vielen Kochbüchern. Für diese Empfehlung gibt es nur einen scheinbar plausiblen Grund. Man nimmt an, dass sich die in den Eischaumbläschen eingeschlossene Luft schlagartig zusammenzieht danach keine Gelegenheit mehr hat, sich wieder auszudehnen. Vergessen wird dabei aber, dass bei einem kurzen Öffnen der Ofentür allenfalls die oberste Schicht der Bläschen abkühlt. Das Soufflé isoliert sich praktisch selbst. Peter Barham provoziert sogar mit dem Vorschlag, ein Soufflé mit geöffneter Ofentür zu backen.[267] Der Nachteil: Die Form muss für eine gleichmäßige Erhitzung oft gedreht werden. Bei normalerweise geschlossener Ofentür

»Auflaufform, Messing, fein vernickelt mit Porzellan-Einsatz, auch mit Zwiebelmuster-Einsatz.« Ob Sie in einer so verzierten Form oder in einer schlichten Glasschüssel ein Soufflé zubereiten: Durch kurzes Öffnen der Ofentür versetzen Sie nur Zuschauern einen Schreck, nicht dem Soufflé.

beeinflusst das gelegentliche Öffnen der Tür die Schaumstabilität aber überhaupt nicht. Barham macht sich außerdem einen Spaß daraus, bei öffentlichen Veranstaltungen die Ofentür zu öffnen, kurz bevor das Soufflé fertig ist: »›Es braucht wohl noch ein paar Minuten‹, sage ich dann und schließe die Tür lautstark (...). Die Reaktion im Publikum: ›Oh je! Wie schade, das Soufflé hat er damit ruiniert!‹« Seine Soufflés, sagt Barham, gelängen aber trotz dieser empfindlichen Störung. Seine Rezeptur sei »relativ robust«, man könne eigentlich gar nichts falsch machen.[268]

Spiegeleier lassen sich in der Wüste auf der Motorhaube backen

»Als wir damals die Wüste durchquerten, war es so heiß, dass wir auf der Motorhaube Spiegeleier gebraten haben.« Noch besser: »Mein Opa war im Krieg in Afrika, da haben sie Eier auf dem Panzer gebraten.« Glauben Sie Leuten, die so etwas erzählen, kein Wort! Motorhaube, Panzerdach, Bürgersteig: Lassen Sie sich keinen Bären aufbinden! Den Leuten fällt für große Hitze einfach keine bessere Metapher ein als die mit den brutzelnden Spiegeleiern. Richtig heiß wird es wohl gewesen sein, vielleicht sogar so heiß, dass man die Motorhaube nicht mehr anfassen konnte, ohne sich zu verbrennen. Heiß genug, um darauf ein Spiegelei zu braten, waren Panzer und Motorhaube aber ganz sicher nicht. Nein, auch nicht, wenn das Auto schwarz lackiert war. Wolfram Siebeck weiß zwar, dass Eiweiß ab 63 Grad hart wird, nicht aber, dass eine Motorhaube niemals die fürs Eierbraten notwendigen 100 Grad erreicht. Deshalb glaubt er denen, die – wahrscheinlich unter Hitzeschock stehend – von ihren Wüstenerfahrungen berichten: »Wenn Autofahrer behaupten, ihr Wagen sei so heiß, dass man auf der Motorhaube ein Ei braten könne, so ist das nichts als die Wahrheit.«[269]

Andere behaupten sogar, das Braten von Spiegeleiern auf Motorhauben sei eine Frühform der Nutzung von Solarenergie. Auch daran ist natürlich kein Wort wahr. Aus Oatman in Arizona, das mitten in der Mojavewüste liegt, wird berichtet, dass es beim jährlichen Sonnenkraft-Wetteierbraten nur selten gelingt, ein Ei in 15 Minuten zu garen. Immerhin klappt es, und woran liegt das? Man nimmt außer Parabolspiegeln auch Brenngläser zur Hilfe. Das gilt aber nicht! Asphalt wird einfach nicht heißer als 62 Grad, Beton nur 51 Grad. Beides ist für menschliche Haut ziemlich heiß, zum Braten eines Eis reicht es aber nicht. Außerdem kühlt ein Ei die Grundfläche sofort aus, verhindert außerdem weitere Sonneneinstrahlung und bleibt dadurch ewig flüssig. Tatsächlich ist es also gar nicht so einfach, Spiegeleier in der Sommerhitze zu braten. Ein Experiment zum Braten von Spiegeleiern auf einer Motorhaube hat zum Glück schon Robert Wolke gemacht, sodass ich in gemäßigterem Klima bleiben kann. Sein Fazit: Es klappt einfach nicht.[270]

Spinat darf man nicht aufwärmen

Spinat enthält eine mittlere Menge an Nitrat. Dieses im Spinat enthaltene Nitrat werde, so heißt es immer wieder, bei Zimmertemperaturen von Bakterien in giftiges Nitrit verwandelt.[271] Warum das ausgerechnet beim Spinat stattfinden sollte, nicht aber bei Gemüsesorten, die wesentlich mehr Nitrat enthalten – etwa Endiviensalat, Feldsalat, Kohlrabi, Kopfsalat, Kresse, Mangold, Portulak, Radieschen, Rettich, Sellerie, Rote Beete –, kommt dabei nicht zur Sprache. Wie »giftig« dieses Nitrit tatsächlich ist, darüber wird außerdem derzeit noch heftig gestritten (siehe dazu auch »Hawaiitoast ist krebserregend«). Beim Erhitzen von Spinat auf annähernd 100 Grad und beim nochmaligen und nochmaligen Erhitzen wird die Menge an Nitrat aber überhaupt nicht erhöht.

Nicht das Aufwärmen des Spinats ist also das Problem, sondern das, was davor passiert.

Wesentlich wichtiger ist das vollständige Erhitzen von Spinatresten wegen des guten Nährbodens, die sie für Bakterien bieten. Auch Reste von Spinatgerichten sollte man – wie alle Speisen –

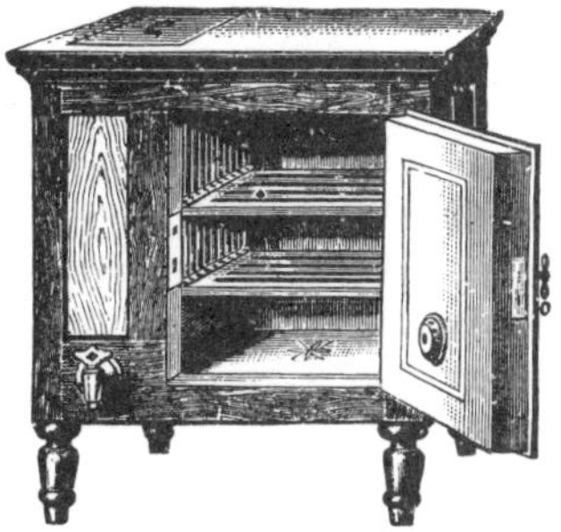

»Eisschrank mit Doppel-Riegelschloss, vernickeltem Messingschild, Kreuzgriff und Schlüssel.« Ein Tresor unter den Eisschränken, geeignet aber auch zur Aufbewahrung von abgekühltem Spinat. Wenn man den Spinat bei späterem Verzehr wieder vollständig erhitzt, haben Bakterien keine Chance zu überleben.

möglichst schnell abkühlen, dann im Kühlschrank aufbewahren und beim späteren Verzehr wieder vollständig erhitzen. Bakterien haben dann keine Chance zu überleben. (Siehe dazu auch »Pilze darf man nicht aufwärmen«.)

Die durchschnittlichen Nitratgehalte der geläufigsten Gemüse- und Salatsorten:[272]

Hohe Nitratgehalte (> 1000 mg/kg)	Mittlere Nitratgehalte (ca. 500–1000 mg/kg)	Niedrige Nitratgehalte (< 500 mg/kg)
Endiviensalat	Chinakohl	Auberginen
Feldsalat	Eisbergsalat	Bohnen
Kohlrabi	Fenchel	Blumenkohl
Kopfsalat	Frisée	Brokkoli
Kresse	Grünkohl	Chicorée
Mangold	Spinat	Erbsen
Portulak	Weißkohl	Gurken
Radieschen	Wirsing	Kartoffeln
Rettich		Möhren
Sellerie		Paprika
Rote Bete		Pilze
		Porree
		Rosenkohl
		Spargel
		Tomaten
		Zwiebeln

Steaks und Rinderbraten sind innen blutig

Man kann ein Steak »gut durchgebraten« bestellen. Der Kellner wird höflich bestätigen »gut durchgebraten, sehr wohl« und sich seinen Teil denken. Er weiß, dass das Steak voraussichtlich zäh werden wird und der Gast wird der Küche oder sogar ihm die Schuld dafür geben. Der Gast wird wahrscheinlich nicht wiederkommen und das beruhigt den Kellner. Lieber hätte er es gehört, wenn der Gast sein Steak »medium« oder »à point« (auf den Punkt gebracht) bestellt hätte, noch lieber als »blutig« oder »saignant«. Dabei weiß der Kellner, aber es wissen nicht viele Gäste: Fleisch enthält gar kein Blut. Wäre das der Fall, würde es gerinnen und eine unschöne dunkle Färbung annehmen. Tiere werden geschlachtet, indem ihnen das Blut abgelassen wird. Durch einen Bolzenschlag auf Gehirn oder, bei Kleintieren, einen Stockschlag ins Genick sind sie schon vorher betäubt. Durch das Ablassen des Bluts tritt Herzstillstand ein und das Tier wird zum Stück Fleisch. Mehr Sentimentalität können Sie hier nicht erwarten.

Das »Blutige« des Fleischs rührt von der Zellflüssigkeit her, die im Gegensatz zum roten Blutfarbstoff Hämoglobin einen verwandten Farbstoff, das Myoglobin, enthält. Ich werde hier nicht erklären, dass Myoglobin ein globuläres, einkettiges Protein aus 153 Aminosäuren mit einer Molekülmasse von 17053 Dalton ist. Für uns ist am Myoglobin nur wichtig, dass es dem Muskelgewebe seine rote Farbe gibt. Sogenanntes »weißes Fleisch«, also vorwiegend das von Geflügel oder jungen Tieren, enthält wenig Myoglobin. Beim Kochen und Braten wird das Myoglobin zu einem Stoff umgewandelt (Biochemiker nennen es »denaturiert«), der Met-Myoglobin heißt. Dieser Stoff ist grau oder braungrau. Durch diese Umwandlung erhält das Fleisch seine graue Farbe. An der Oberfläche wird es durch die Maillard-Reaktion braun und innen ist es, wenn es schmackhaft bleiben soll, »blutig«, ohne dass ein Tropfen Blut im Spiel wäre.

V

Vorheizen des Ofens verhindert z. B. das Austrocknen eines Bratens

Viele Rezepte für Gebäck, aber auch für im Ofen gegartes Fleisch und für Tiefkühlpizze verlangen, den Backofen vorzuheizen. In keinem dieser Rezepte habe ich eine Erläuterung dafür gefunden, warum das notwendig sein sollte. Auch This-Benckhard empfiehlt (ohne Angabe von Gründen), zum Garen eines Bratens den Ofen vorzuheizen.[273] Manche Menschen glauben sogar, dass der Ofen schneller auf 180 Grad aufgeheizt werde, wenn sie zuvor eine höhere Temperatur, etwa 200 Grad einstellen. Ich lasse sie in dem Glauben, weil er wenig Schaden anrichtet.

In der Wochenzeitung *DIE ZEIT* wurde kurz erläutert, warum ein Vorheizen des Ofens gar nicht notwendig und eigentlich eine reine Energieverschwendung ist. Bei einer Vorheizzeit von zwanzig Minuten geht gut und gerne eine halbe Kilowattstunde Strom völlig unnötig durch den Zähler. Immerhin werden 0,06 bis 0,08 Kubikzentimeter Luft dabei auf 200 Grad aufgeheizt. Kuchen, Braten oder wohl gar Tiefkühlpizze nehmen durch langsames Erwärmen aber überhaupt keinen Schaden. Der einzige Grund für ein Vorheizen ist kein backtechnischer, sondern er liegt in der Logik von Rezepten. Öfen heizen nämlich unterschiedlich schnell auf: »Deshalb ist es unmöglich, in den Rezepten und Kochanweisungen eine standardisierte Backzeit anzugeben. In einem ›langsamen‹ Ofen ist die Backzeit dann länger als in einem ›schnellen‹. In jedem Fall aber verringert sich der Energieverbrauch – um bis zu 20 Prozent. Das Vorheizen ist also fast immer überflüssig.«[274]

Die Empfindlichkeit eines Soufflés gegenüber Wärmeschwankungen schätzt allerdings auch dieser Experte größer ein, als sie tatsächlich ist, und empfiehlt hier ein Vorheizen.

Z

Zusatzstoffe lösen Allergien aus

Eine verbreitete Strategie zur eigenen Gesunderhaltung oder zu der der eigenen Familie lautet: Finger weg von Zusatzstoffen (die leicht erkennbar sind, weil es in Europa eine Kennzeichnungspflicht auf allen verpackten Lebensmitteln gibt). Viel guter Wille führt dabei oft zu ungewollten, aber fatalen Folgen.

Der Deutsche Allergie- und Asthmabund e.V. gibt allerdings Entwarnung. Zusatzstoffe werden als Allergieauslöser meistens erheblich überschätzt. Zusatzstoffe sind nämlich nicht – wie oft vermutet – die häufigsten Auslöser allergischer Reaktionen. Stattdessen sind es natürliche Lebensmittel wie Kuhmilch, Hühnerei und Nüsse, die Allergikern oft gefährlich werden. Rund ein bis zwei Prozent der Erwachsenen und drei bis acht Prozent der Kinder leiden unter einer »echten« Lebensmittelallergie. Das sind (zum Glück) wesentlich weniger Menschen als all jene, die sich für Allergiker halten.

»Echt« bedeutet im Zusammenhang mit einer Allergie: Der Körper reagiert mit einer übersteigerten Abwehrreaktion auf einzelne Lebensmittel, deren Proteine wie ungewollte Eindringlinge bekämpft werden. Solche echten Allergien führen zu Reaktionen der Haut oder der Schleimhäute in Nase, Augen, Rachen, Magen oder Darm.

Hilfs- und Zusatzstoffe synthetischer und natürlicher Herkunft können sowohl echte Allergien als auch pseudoallergische Reaktionen auslösen. Dazu zählen zum

Beispiel: ätherische Öle, Kräuter, Gewürze, natürliche Aromastoffe, Amaranth, Carotine, Kurkumin, Rote Beete, Honig, Malz, Stärke, Hefen, Mehle, Guarkernmehl, Soja, Traganth, Azorubin, Karmin, Cochenille, Bienenwachs, Bluteiweiße, Enzyme, Carrageen, Harze, Kautschuk, Gelatine, Pektine, Parabene, Gummi arabicum, Johannisbrotkernmehl.

Pseudoallergien

Pseudoallergien (man spricht auch von Hypersensitivitäten) sind Unverträglichkeitsreaktionen, bei denen das Immunsystem nicht beteiligt ist. Dabei treten ähnliche Erscheinungsbilder wie bei den Allergien auf, allerdings ohne die Bildung von Antikörpern, die sonst die Immunreaktion des Körpers auslösen. Ungefähr 0,01 bis 0,15 Prozent der Bevölkerung reagieren so auf Zusatzstoffe, also ungefähr eine Person von 10 000. Typische Abwehrreaktionen sind Nesselsucht (Urtikaria), Asthma, tränende Augen, tropfende Nase und Hautödeme.

Schwefelverbindungen

Personen mit einem Mangel an dem Enzym Sulfitoxidase können auf Schwefelverbindungen reagieren. Speziell bei Asthmatikern liegt die Häufigkeit einer Sulfitunverträglichkeit bei etwa zwei bis fünf Prozent. Besonders häufig werden solche Reaktionen durch Wein ausgelöst. Im Prinzip sind die zugesetzten Schwefelverbindungen gesundheitlich unbedenklich. Gleichwohl spielen Reaktionen auf diese Stoffgruppe eine nicht unerhebliche Rolle. Beschwerden können bei schwer Betroffenen, insbesondere Asthmatikern, schon ab einer Aufnahme von etwa 25 Milligramm vorkommen. Lebensmittel mit einem SO_2-Gehalt unter zehn Milligramm/Kilo werden in der Regel gut vertragen.

Was tun bei einer Unverträglichkeit?
Stellt der Arzt oder Allergologe eine Unverträglichkeit gegen einen Zusatzstoff fest, sollten die Betroffenen das Zutatenverzeichnis der verwendeten Lebensmittel genau studieren. Da die Reaktionen oft dosisabhängig sind, genügt es häufig, die Zufuhr des jeweiligen Stoffes zu reduzieren.

Zusatzstoffe müssen nicht sein

»Chemie in Lebensmitteln« hört sich schlimm an. Allein die Wortfolge erweckt den Eindruck, es handele sich bei Chemie um etwas, was in Lebensmitteln nichts zu suchen habe. Außerdem erweckt sie Furcht. Die Schlagzeile »Tonnenweise Äpfel mit Ascorbinsäure entdeckt« dürfte viele Menschen verängstigen. Dass es keinen einzigen Apfel gibt, der keine Ascorbinsäure (das begehrte – und überschätzte – Vitamin C) enthält, könnte dann ja im Kleingedruckten erklärt werden. Zusatzstoffe sind hingegen Stoffe, die Lebensmitteln bewusst zugesetzt werden. Es ist aber ein Irrtum, dass sie unnötig seien. Das könnte jedem schon nach einer einfachen Überlegung klar werden. Lebensmittelzusatzstoffe sind, verglichen mit Lebensmittelgrundstoffen, relativ teuer. Das gilt zwar nur für ihren Kilopreis und nicht für die Mengen, die Lebensmitteln tatsächlich zugesetzt werden. Aber welcher Hersteller eines Lebensmittels würde seinem Produkt, sei es einem Gebäck, einer Wurst oder einem zusammengesetzten Lebensmittel, einen oder mehrere Zusatzstoffe beigeben, wenn es nicht sein müsste? Was sollte ihn dazu bringen, Geld für etwas auszugeben, was sein Produkt nicht besser macht?

Wahrscheinlich, denken viele Verbraucher, verwendet dieser unverantwortliche und profitgierige Mensch die Zaubermittel aus dem Chemielabor bloß, um mit minderwertigen Grundstoffen ein scheinbar höherwertiges Produkt herzustellen. Dieser Gedanke enthält allerdings zwei Fehler. Der erste: Zusatzstoffe werden nicht nur von Lebensmittelherstellern verwendet, sondern von jedem Koch und jeder Köchin. Sie alle haben alles andere im Sinn, als Geld zu sparen. Der zweite: Minderwertige Grundstoffe lassen sich auch mit noch so viel »Chemie« nicht in gutes Essen verwandeln. Trotzdem sind Zusatzstoffe für Lebensmittelhersteller wertvolle Hilfsmittel bei der Vorbereitung, beim Herstellungsprozess und beim anschließenden Vertrieb. Da Zusatzstoffe und ihre Bezeichnungen oder Kürzel bei Verbrauchern kein Vertrauen genießen, nutzen viele Hersteller sogar die Möglichkeit, damit zu werben, dass sie ohne Zusatzstoffe arbeiten. Warum tun das nicht alle? Können die nicht rechnen? Sind sie faul? Unverantwortlich?

Bei den Lebensmittelbestandteilen, die als Zusatzstoffe gelten, sind verschiedene Gruppen zu unterscheiden. Es gibt Anticoagulantien, Antioxidationsmittel, Aufschlagmittel, Backtreibmittel, Emulgatoren, Entzuckerungsmittel, Farbstoffe, Festigungsmittel, Fettabtrennmittel, Feuchthaltemittel, Füllstoffe, Geliermittel, Geschmacksverstärker, Komplexbildner, Konservierungsstoffe, Mehlbehandlungsmittel, modifizierte Stärke, Packgas, pH-Regulatoren, Rieselhilfsstoffe, Säuerungsmittel, Säureregulatoren, Schaummittel, Schaumverhüter, Schmelzsalze, Stabilisatoren, Süßungsmittel, Trägerstoffe, Treibgas, Trennmittel, Überzugsmittel, Verdickungsmittel, Viscositätsregulatoren.

In der EU sind im Moment 315 Lebensmittelzusatzstoffe zugelassen.[275] Alle sind für einen ganz speziellen Zweck vorgesehen. Sie erleichtern die Verarbeitung, verbessern den Geschmack, konservieren oder machen eine Speise einfach schöner, lockerer oder fester, homogener, bunter. Jeder einzelne dieser Zusatzstoffe ist auf seine Unbedenklichkeit für den menschlichen Verzehr hin überprüft. Die Europäische Behörde für Lebensmittelsicherheit EFSA sammelt dazu Forschungsergebnisse aus aller Welt, bewertet sie, lässt sie öffentlich diskutieren und legt der Europäischen Kommission und dem Parlament jeweils einen Bericht vor. Nach intensiven Beratungen über Nutzen und Nachteile erfolgt dann eine Zulassung oder ein Verbot der Verwendung. Die Abwägung ist notwendig, weil ein möglicher Nachteil natürlich nicht denselben Stellenwert hat wie ein gleichzeitiger sicherer Nutzen. Da in dieser Welt und deshalb auch bei der Herstellung und Verarbeitung von Lebensmitteln nichts absolut sicher ist, sind Nutzen und Nachteile eines jeweiligen Zusatzstoffs immer wieder gegeneinander abzuwägen.[276]

Nachwort

Wenn es mir nicht gelungen ist, Sie davon zu überzeugen, dass es sich bei allen aufgeführten Irrtümern tatsächlich um Irrtümer handelt, ist das auch nicht schlimm. Der Keim eines Zweifels ist wahrscheinlich doch gelegt. Beim nächsten angeblichen Fehler, der Ihnen beim Kochen unterläuft, werden Sie feststellen, dass es so auch und sogar noch besser geht. Das Nudelwasser hat nicht sprudelnd gekocht, das Fett für die Koteletts war gar nicht richtig heiß, der Braten war viel zu lange bei zu schwacher Temperatur in der Röhre, sie haben ständig die Ofentür geöffnet, als das Soufflé drin war, und trotzdem schmeckt alles wunderbar, ist gar und saftig und locker und rundum gelungen. Sie werden das jetzt nicht mehr für Glück im Unglück halten und in Zukunft öfter solche »Fehler« machen. Irrtümer machen klug – sobald sie als solche erkannt werden.

Anmerkungen

1 *Stern* 43/2007 (18.10.2007), S. 196, in einem unsentimentalen Bericht über »Das kurze Leben von Ferkel 0146«.

2 Harald Lemke: Feuerbachs Stammtischthese oder zum Ursprung des Satzes: »Der Mensch ist, was er isst«, in: *Aufklärung und Kritik. Zeitschrift für freies Denken und humanistische Philosophie*, herausgegeben von der Gesellschaft für kritische Philosophie Nürnberg, 11 (2004), Nr. 1, S. 117–140.

3 Karl Popper: *Logik der Forschung*, Wien 1935, Tübingen 2005.

4 Menninger 2004.

5 U.a. Pollmer/Warmuth 2000.

6 Sandro Bedin, ein absoluter Experte in der Zubereitung von Speisen mittels Stickstoff, bat mich darauf hinzuweisen, dass auch durch schnelles Tiefkühlen exklusive Gerichte entstehen können. Aber sagen Sie mal ehrlich: Haben Sie eine Flasche Stickstoff in der Küche stehen?

7 Vgl. Wolke 2003, S. 224.

8 Vgl. Christoph Drösser: Prozente im Essen, in: *DIE ZEIT*, 08.12.2005, Nr. 50, www.zeit.de/2005/50/Stimmts_50

9 U.a.: www.herzogin.de/kochtipps/kochtipps.php

10 www2.aponet.at/default.pxml?kap=1063&mod=ed&lang=de

11 Nur katalytisch beschichtete Backöfen erreichen diese Temperaturen, allerdings auch nur im Reinigungsmodus. Dabei verbrennen Katalysatoren an der rauen Emailleoberfläche die Fettspritzer. Es stinkt und verbraucht sehr viel Energie. Bei einem neu entwickelten großoberflächigen Typ soll der Effekt schon bei 200 Grad, also mit weniger Energie und mit weniger Gestank vor sich gehen.

12 www.kopfball.de/arcflm.phtml?kbsec=arcflm&dr=datum&selFilm=508

13 www.aeppelsche-homepage.de/kochen1.htm

14 www.vollwerth-apotheke.de/alzheimer.php

15 Bundesinstitut für Risikobewertung BfR: *Keine Alzheimer-Gefahr durch Aluminium aus Bedarfsgegenständen.* Aktualisierte gesundheitliche Bewertung Nr. 033/2007 des BfR vom 13. Dezember 2005.

16 *Apotheken Umschau*; 09.10.2001, aktualisiert am 10.05.2006.

17 www.who.int/water_sanitation_health/dwq/chemicals/aluminiumsum.pdf

18 www.alzheimer-forschung.de

19 BfR a.a.O.

20 ABl. L 40 vom 11.1.1989, S.34. Die europäische Richtlinie wurde in Deutschland umgesetzt mit der Verordnung über tiefgefrorene Lebensmittel (TLMV) vom 29. Oktober 1991 (BGBl. I S. 2051), zuletzt geändert durch ÄndVO vom 16.11.1995 (BGBl. I S. 1520) § 5, Kennzeichnung

von Erzeugnissen für Verbraucher: »Tiefgefrorene Lebensmittel in Fertigpackungen, die zur Abgabe an Verbraucher im Sinne des § 6 Abs. 1 des Lebensmittel- und Bedarfsgegenständegesetzes bestimmt sind, dürfen gewerbsmäßig nur in den Verkehr gebracht werden, wenn zusätzlich zu den durch die Lebensmittel-Kennzeichnungsverordnung vorgeschriebenen Angaben angegeben sind [...] die Worte ›nach dem Auftauen nicht wieder einfrieren‹ oder ein gleichsinniger Hinweis.«

21 Verordnung über tiefgefrorene Lebensmittel vom 29. Oktober 1991 (BGBl. I S. 2051), zuletzt geändert durch Artikel 27 des EWR-Ausführungsgesetzes vom 27. April 1993 (BGBl. I S. 512); danach: »Verordnung über tiefgefrorene Lebensmittel«, BGBl. Nr. 201/1994 (TiefgefVO). Grundlage war die EU-Richtlinie 93/43 vom 14.06.93 über Lebensmittelhygiene. Die »Erste Verordnung zur Änderung der Verordnung über tiefgefrorene Lebensmittel« vom 16. November 1995 (BGBl. I S. 1520) ist die Umsetzung der Richtlinien 92/1/EWG und 92/2/EWG in deutsches Recht.

22 Rechtsgrundlage: § 24 VStG i.V.m. § 66 Abs. 4 AVG, § 45 Abs. 1 Z. 1 VStG, § 64 Abs. 1 u. 2 VStG, § 65 VStG.

23 umweltinstitut.org/lebensmittel/bestrahlung-von-lebensmitteln/bestrahlung-von-lebensmitteln-173.html

24 Vgl. www.bernd-leitenberger.de/bestrahl.shtml

25 Richtlinie 1999/2/EG des Europäischen Parlaments und des Rates vom 22. Februar 1999 zur Angleichung der Rechtsvorschriften der Mitgliedstaaten über mit ionisierenden Strahlen behandelte Lebensmittel und Lebensmittelbestandteile sowie Richtlinie 1999/3/EG des Europäischen Parlaments und des Rates vom 22. Februar 1999 über die Festlegung einer Gemeinschaftsliste von mit ionisierenden Strahlen behandelten Lebensmitteln und Lebensmittelbestandteilen.

26 Bundesforschungsanstalt für Ernährung: Die Strahlenkonservierung von Lebensmitteln, bearb. v. D.A.E. Ehlermann und H. Delincée, Oktober 1998.

27 Ebd.

28 Vgl. Pollmer/Schmelzer/Sandtner 2003, S. 262–268.

29 Eine schöne bunte Grafik erstellte auch die Bundesforschungsanstalt für Ernährung und Lebensmittel: www.bfa-ernaehrung.de/bestrahlung/PDF/Poster/02_MKN_Zulassung_LM-Bestrahlung_EU.pdf

30 Verordnung über die Behandlung von Lebensmitteln mit Elektronen-, Gamma- und Röntgenstrahlen, Neutronen oder ultravioletten Strahlen (Lebensmittelbestrahlungsverordnung – LMBestrV) vom 14. Dezember 2000 (BGBl I, S. 1730), zuletzt geändert durch Artikel 359 der Verordnung vom 31. Oktober 2006 (BGBl. I S. 2407), nachzulesen unter www.gesetze-xxl.de/pdf/LMBestrV.pdf. Wenigstens die Anlage 1, »Vorgaben für die Bestrahlung« sollten Sie lesen. Es handelt sich NICHT um eine Satire!

31 U.a. auch Barham 2005, S. 201, S. 203 und S. 216.

32 This-Benckhard 1998, S. 125.

33 Karsten Theobald: *Melasse. Gesundes »Abfallprodukt« der Zuckerindustrie*, www.grenzenlos.net/archiv_new/arc_ges_melasse.htm

34 Olney 2003.

35 Collection Barney A. Ebsworth, Seattle.
36 www.snopes.com/food/origins/chopsuey.asp
37 Vgl. Pollmer/Warmuth 2000, S. 89
38 www.zusatzstoffe-online.de/zusatzstoffe/122.e338_phosphors%E4ure.html
39 Rösle Katalog 2007/2008, Marktoberdorf 2007, S. 7.
40 Vgl. auch Christoph Drösser: »Auf dem Siedepunkt«, in: *Die Zeit*, 15/2001.
41 Vgl. Peter Barham: *Die letzten Geheimnisse der Kochkunst*, München 2006, S. 68 ff.
42 NTV, *Die Welt*.
43 www.britegg.co.uk/
44 www.bembtrust.org.uk
45 Vgl. Len Fisher: Reise zum Mittelpunkt des Frühstückseis, Streifzüge durch die Physik der alltäglichen Dinge, Frankfurt 2003 (Original: How to dunk a doughnut, London 2002).
46 Die Eiertests und die entsprechenden Vorschläge machte mir Dr. Wolfgang Lortz aus Hanau.
47 *Freundin* 2/2008, 16.1.2008.
48 www.marions-kochbuch.de/rezept/1414.htm
49 www.praktische-tipps.de/essen-und-trinken/kochen/99/auslaufen-des-eiweiss-beim-eierkochen-laesst-sich-mit-essig-verhindern.htm
50 This-Benckhard 1998, S. 62.
51 www.hausfrauenseite.de/rezepte/eier/fruehstueckseier.html
52 Schweizerisches Bundesamt für Gesundheit: »Haltbarkeit hart gekochter Schaleneier bei unterschiedlichen Lagerungsbedingungen«, in: *Bulletin* 12/02 (18. März 2002), S. 220–223.
53 Ebd., S. 223.
54 www.kopfball.de/arcexp.phtml?kbsec=arcexp&dr=datum&selExperiment=403
55 European Food Safety Authority (EFSA), Frage Nr.: EFSA-Q-2004-031, Stellungnahme angenommen am 7. September 2005, Gutachten des Wissenschaftlichen Gremiums für Biologische Gefahren auf Ersuchen der Kommission über die mikrobiologischen Risiken des Waschens von Tafeleiern. *The EFSA Journal* (2005), 269, S. 1–39.
56 Barham 2006, S. 252.
57 Ebd., S. 313.
58 www.brigitte.de/kochen/kochschule/back_biskuitteig/
59 www.rezepte-nachkochen.de/rezepte/schneekloesschen.php
60 This-Benckhard 1998, S. 61.
61 Ebd., S. 166; Über den Wahn, dass der Verzehr von Cholesterin beim Menschen zu einem erhöhten Cholesterinspiegel führt, und den Irrtum, dass daraus wiederum ein erhöhtes Herzinfarktrisiko resultiert, vgl. Pollmer/Warmuth 2000 sowie Walter Hartenbach: *Die Cholesterin- Lüge. Das Märchen vom bösen Cholesterin*, München 2002.
62 Barham 2006, S. 311.
63 This-Benckhard 1998, S. 61.

64 Ebd., S. 61.

65 www.manufactum.de/Produkt/0/1406339/SchlagschuesselKupfer.html

66 Vgl. Barham 2006, S. 260.

67 Eine solche Spritze bekam ich in Belgien ohne Weiteres von meinem Apotheker geschenkt, er legte auch noch ein paar Nadeln unterschiedlicher Stärke dazu, während Sandro Bedin in der Schweiz Schwierigkeiten hatte, deren Verwendung zu rechtfertigen.

68 Je höher der pH-Wert, desto weniger sauer die Lösung. Wasser hat einen als »neutral« eingestuften pH-Wert von 7,0.

69 Vgl. Nielsen: *Universen 2001 bis 2005, Handel und Verbraucher in Deutschland.*

70 Entsprechend große Panadenanteile stellte die Zeitschrift *Öko-Test* im Jahr 2003 fest, veröffentlicht nochmals im *Öko-Test Jahrbuch Kleinkinder* für 2004.

71 Vgl. Paul R. Josephson: The Ocean's Hot Dog. The Development of the Fish Stick, in: *Technology and Culture*, Vol. 49 (2008), Nr. 1, S. 41–61.

72 www.cma.de/content/fleisch/fleischschnitt-und-garmethoden.php

73 Barham, S. 97.

74 Ernährungsportal im Auftrag von zwölf deutschen Privat-Krankenversicherungen: www.gesundheitsportal-privat.de/de/lexikon/eingriffe/transplantation_ernaehrungstipps.jsp

75 This-Benckhard 1998, S. 101.

76 Thorwald Ewe: »Ehrenrettung für die Pommes«, in: *Bild der Wissenschaft* 8/2001, S. 20–25.

77 Die seltsam wirkenden Temperaturen ergaben sich daraus, dass wir jeweils 140, 160 und 180 Grad einstellten, was durch ungenaue Heizleistung und Abkühlung des Topfes zu diesen Werten im Inneren führte.

78 Angaben des nationalen Frituristenverbands www.navefri-unafri.be/

79 Auch bekannt unter den Namen Hungerkorn, Tollkorn, Purpurroter Hahnenpilz, Ergot, Krähenkorn, Hahnensporn oder Roter Keulenkopf.

80 Eine weitere drastische Darstellung von Opfern des Antoniusfeuers findet sich in Pieter Brueghel d. Ä. Bild *Die Krüppel* (1568), heute zu sehen im Louvre in Paris.

81 Ludger Fischer: »Burg und Festung Rheinfels«. *Rheinische Kunststätten*, H. 390, Köln 1993.

82 Vgl. Pollmer/Niehaus 2007, S. 195 ff.

83 Vgl. Maxeiner/Miersch 2008, S. 34–35.

84 Vgl. Pollan 2006.

85 Angres, Hutter, Ribbe 2006, S. 10.

86 Pollan 2006.

87 Vgl. Pollmer/Warmuth 2000, S. 30–31.

88 Das Patent wurde erteilt am 2. Mai 1915.

89 Konrad Adenauer erfand außerdem ein von innen beleuchtetes Stopfei, eine Blendschutzbrille für Fußgänger, einen Spezial-Gießkannenausgießer, einen Toaster mit Beleuchtung, einen elektrischen Insektentöter und eine Gartenharke mit Steinklopfer.

90 Den Beweis erbrachte für uns Dr. Wolfgang Lortz, Hanau.

91 Davidis 1845.
92 Vgl. Pollmer/Schmelzer-Sandtner 2003, S. 274–278.
93 Ich wusste nicht, was das ist, sah nach und fand heraus, dass es sich bei Tempeh um ein traditionelles Fermentationsprodukt aus Indonesien handelt, das durch die Beimpfung von gekochten Sojabohnen mit verschiedenen Schimmelpilzen entsteht.
94 http://ec.europa.eu/food/food/biotechnology/gmfood/index_de.htm
95 Karsten Kraatz: *Einstellungen von Medizinstudenten zu Möglichkeiten der Gentechnik 1997–2000* (Dissertation), Hamburg 2005, S. 39. Vgl. auch www.gen-ethisches-netzwerk.de
96 Sarah Wiener ist Schirmherrin von »Haushalt ohne Genfood«: www.meinnein.de
97 www.genfoodneindanke.de/dossier/2007gesundheitsgefahr.html
98 Schweisfurth 2004, S. 26.
99 Ebd.
100 Pollmer/Schmelzer-Sandtner 2003, S. 183.
101 Raif S. Geha u.a.: »Review of Alleged Reaction to Monosodium Glutamate and Outcome of a Multicenter Double-Blind Placebo-Controlled Study«, in: *Journal of Nutrition* 2000, 130, S. 1058–1062.
102 Weiterhin im Gebrauch sind Monokaliumglutamat (E 622), Calciumdiglutamat (E 623), Monoammoniumglutamat (E 624) und Magnesiumdiglutamat (E 625).
103 Pollmer/Schmelzer-Sandtner: 2003, S. 181.
104 Vgl. Claudia Dirschauer: aid-Heft »Die Zutatenliste – Kleines Lexikon der Zusatzstoffe«. www.aid.de/verbraucher/zusatzstoffe_gesundheit_allergien.php
105 DGE-aktuell, 8/2003, 10. Juni 2003.
106 Stellungnahme vom 16. Juli 2003 zu »Überempfindlichkeitsreaktionen durch Glutamat in Lebensmitteln«.
107 Eckhart Blauth: *Eine Methode zur Messung der neuronalen Glutamatfreisetzung*, Diss. Freiburg 2005, S. 8.
108 Pollmer/Schmelzer-Sandtner 2003, S. 182, Schweisfurth 2004, S. 26.
109 France Bellisle: »Glutamate and the UMAMI taste: sensory, metabolic, nutritional and behavioural considerations. A review of the literature published in the last 10 years.« *Neuroscience and Biobehavioural, Reviews* 1999/23/, S. 423–438.
110 www.nestle.ch/de/nutrition/health/salt/Pages/default.aspx
111 Zit.n. www.gesundheitstipp.ch/themen/beitrag/1 020 550/Salz_im_Essen_ist_nicht_ungesund
112 Vgl. auch Pollmer/Warmuth 2000, S. 262–266.
113 Steingarten 2006, S. 374.
114 www.wuppertal.de/service_einkauf/gut_und_buergerlich.cfm
115 www.rezeptesammlung.net/tirolindex.htm
116 Vgl. auch das Kapitel »Omas Küche war die beste«.
117 *Greenpeace Magazin* 6/2004.
118 *HAUPTSACHE GESUND*, 27.10.2005, www.mdr.de/hauptsache-gesund/2 235 138-hintergrund-2 231 978.html

119 www.inform24.de/nitro.html
120 Pollmer/Warmuth 2002, S. 267.
121 Vgl. www.inform24.de/nitro.html
122 Silke Maier: *Kulinarische Physik*, Graz 2002, S. 76.
123 Gesetz über das Branntweinmonopol, BranntwMonG: bundesrecht.juris.de/branntwmong/BJNR004050922.html#BJNR004050922BJNG000200314
124 www.fitnessonline.at/archiv/titelauswahl/ernaehrung/ernaehrung/2002_05b.htm
125 www.dge.de/modules.php?name=News&file=article&sid=412; Literatur: Monika Neuhäuser-Berthold, S. Beine, Sabine C. Verwied, Petra M. Lührmann: Coffee consumption and total body water homeostasis as measured by fluid balance and bioelectrical impedance analysis. *Ann. Nutr. Metab.* 41 (1997) S. 29–36; A.C. Grandjean, K.J. Reimers, K.E. Bannick, M.C. Haven: The effect of caffeinated, non-caffeinated, caloric and non-caloric beverages on hydration. *J. Amer. College Nutr.* 19 (2000) S. 591–600; R.J. Maughan, J. Griffin: Caffeine ingestion and fluid balance: a review. *Journal of Human Nutrition & Dietetics* 16 (2003) S. 411 ff.
126 www.dge.de/modules.php?name=News&file=article&sid=412
127 www.diabetespro.de/Kaffee-Nicht-die-Bohne-ungesund-Ernaehrung-Diabetes-A050805ANOND017767.html
128 Francesco und Riccardo Illy: *Kaffee. Von der Bohne zum Espresso*, München 1993.
129 Eine gute Übersicht über die Zubereitungsmethoden mit Karlsbader Kanne, Cezve-Kupferkännchen mit Stiel, Espressokocher (Caffetiera), French Press, Filterkaffeemaschine, Siebträgermaschine, Kapselmaschine und vollautomatischer Kaffeemaschine gibt www.bongusto.de/magazin/alltag-und-feste/kaffee-kochen-acht-mal-anders-20039
130 Barham 2006, S. 229.
131 www.frag-mutti.de/tipp/p/show/category_id/1/article_id/6766/Dip-aus-Fetak%C3%A4se-zum-Grillen.html
132 Ich meine das Apothekenmagazin *Senioren Ratgeber* 5/2007.
133 WIPO, Weltorganisation für geistiges Eigentum, internationale Anmeldung, veröffentlicht nach dem Vertrag über die internationale Zusammenarbeit auf dem Gebiet des Patentwesens (PCT), Veröffentlichungsnummer WO 99/ 41045.
134 Edouard de Pomiane: *Kochen in zehn Minuten*, Berlin 1935 (mit 19 Holzschnitten nach Henri de Toulouse-Lautrec), zuerst Paris (*La Cuisine en Dix Minutes ou l'Adaptation au Rhythme moderne*) 1930. In den 1950er Jahren wurde das Buch vielfach neu aufgelegt. Ich habe die deutsche Ausgabe des Jahres 1953 erstanden, obwohl die Beschreibung des Antiquariats nicht sehr appetitlich klang: »Deckel stark fleckig, Feuchteränder, Ecken bestoßen, etwas beschädigt, obere Ecken noch gedrückt, Seiten und Buchschnitt gebräunt, einige Seiten stärker fleckig, seitl. Schnitt mit Feuchterand unten, Vorbesitzerwidmung auf dem Vorsatz unten, Zustand = 4, gerade noch akzeptabel, mit 19 Zeichnungen von H. de Toulouse-Lautrec, zum Teil von Oskar Bangemann in Holz geschnitten.«

135 Ausgabe Berlin 1950, S. 13.
136 Ebd., S. 13.
137 www.3sat.de/3sat.php?www.3sat.de/nano/news/52 112/index.html
138 Die Studie wurde durchgeführt von Cristina Garc'a-Viguera am wissenschaftlichen Forschungszentrum in Murcia und veröffentlicht im *Journal of the Science of Food and Agriculture*, Vol. 83, S. 1511. Dort wurde seltsamerweise behauptet, dass Mikrowellen vermutlich deshalb mehr Antioxidantien zerstören, weil sie nach Auffassung von Frau Garc'a-Viguera höhere Temperaturen erzeugen. Wie allerdings ohne höheren Druck in Feuchtigkeit enthaltenden Lebensmitteln eine höhere Temperatur als 100 Grad erzeugt werden soll, wird nicht erläutert. Vgl. www.newscientist.com/article/mg18 024 182 000-microwave-cooking-zaps-nutrients.html
139 Davis 1983.
140 Richtlinie 90/496/EWG des Rates vom 24. September 1990 über die Nährwertkennzeichnung von Lebensmitteln.
141 Davis 1983.
142 *DGE aktuell* 6/2006.
143 Barham, 2006, S. 198–199.
144 Entsprechendes Käuferinnenverhalten wird beschrieben von Ruth Reichl in: *Falscher Hase. Als Spionin bei den Spitzenköchen,* München 2007, S. 316. Ich musste nachsehen, was Bracciole ist, und lernte, dass es sich um einen gefüllten Rollbraten nach süditalienischer Manier handelt.
145 www.daserste.de/moma/servicebeitrag_dyn~uid,j7fdgiqaob4t2cly~cm.asp, Sendung vom 28.11.2005.
146 *Focus Money* online 10.10.2007. www.focus.de/finanzen/news/rangliste_aid_135 424.html
147 *Deutsche Handwerks Zeitung*, 22.4.2004. www.deutsche-handwerks-zeitung.de/beitrag/beitrag_258 911.html
148 Jochen Kittel: *Symptome und Zeichen der chronischen Kupfervergiftung*, Diss. München 2006, S. 4.
149 Jean-Jacques Rousseau: Von der Schädlichkeit des Kupfergeschirrs in der Haushaltung. In: *Briefe an Herausgeber des Mercure de France*, Frankfurt und Leipzig 1754, hier zit. n. Kittel 2006.
150 www.manufactum.de/product/1 406 339/group/172 070/dmc_mb3_search_pi1.pos/1/track_flash/0/Produktdetail.1773.0.html
151 Davidis 1845.
152 This-Benckhard 1998, S. 221.
153 E-Mail an den Verfasser vom 10. März 2008. In Goslar wurde wahrscheinlich die noch heute in Brüssel getrunkene Geuze erfunden. Dort heißt sie Gose und ist, wie die Brüsseler Geuze, ein spontan fermentiertes Bier ohne Hefezusatz. Die aktiven Hefen (Brettanomyces bruxellensis) finden ihren Weg aus dem Dachgebälk des Brauhauses von selbst in die offen stehenden Sudbottiche. Zur Blütezeit der Goslarer Gose (1400 bis 1600) wurde sie bis nach Hamburg, Wien, Sachsen und Belgien exportiert. Wahrscheinlich ist sie deshalb auch Namensgeber des Geuze-Biers. Geuze ist übrigens verschnittene, in Champagnerflaschen abgefüllte und weiter vergorene Lambic, ein obergäriges Bier. Sie ist wegen ihres stark säuerlichen,

an Erbrochenes erinnernden Geschmack nur für echte Liebhaber genießbar. Ich hüte mich, das in Brüssel so vorzutragen, genausowenig wie meine These von der Goslarer Herkunft dieses Getränks.

154 Vgl. den Forschungsbericht 296 61116 (alt 216 06116) UBA-FB 000364, *Epidemiologische Untersuchung zum Risiko frühkindlicher Lebererkrankungen durch Aufnahme kupferhaltigen Trinkwassers mit der Säuglingsnahrung*, hrsg. vom Bundesministerium für Umwelt, Naturschutz und Reaktorsicherheit, Februar 2003. Vgl. auch: Lebensmittel- und Bedarfsgegenständegesetz LMBG vom 8. Juni 1993 (BGBl. I S. 1169), zuletzt geändert durch Zweites Gesetz zur Änderung des LMBG vom 25.11.1994 (BGBl. I S 3538), ersetzt durch: Lebensmittel-, Bedarfsgegenstände- und Futtermittelgesetzbuch, Neufassung vom 26. April 2006, Bundesgesetzblatt Jahrgang 2006 Teil I, Nr. 20, ausgegeben zu Bonn am 27. April 2006.

155 Verordnung (EWG) Nr. 315/93 des Rates vom 8. Februar 1993 zur Festlegung von gemeinschaftlichen Verfahren zur Kontrolle von Kontaminanten in Lebensmitteln. Sie wurde ersetzt durch die Fassung (EG) Nr. 466/2001 und diese wiederum durch die Verordnung (EG) Nr. 1881/2006 vom 19. Dezember 2006 zur Festsetzung der Höchstgehalte für bestimmte Kontaminanten in Lebensmitteln. Die neue Verordnung gilt seit dem 1. März 2007.

156 Vgl. This-Benckhard 1998, S. 124.

157 www.swr.de/kaffee-oder-tee/haushalt/-/id=2 244 116/nid=2 244 116/did=2 937 660/1ag3fh0/index.html

158 www.rezepterang.de/gemuese/gemueserezept_3210.html

159 Ulrich Oltersdorf unter Mitarbeit von Jasmin Ecke: *Berichte der Bundesforschungsanstalt für Ernährung* BFE-R-03-01: »Entwicklungstendenzen bei [der] Nahrungsmittelnachfrage und ihre Folgen«, Karlsruhe 2003, S. 117.

160 Die Formulierung wird von einer »Gesellschaft für Ernährungsheilkunde« verwendet, die auch Therapien und Mittel zu einer »Entschlackung« des Körpers verkauft – als sei der Verdauungstrakt ein kleiner Hochofen, in dem Schlacken anfielen.

161 Arbeitsgemeinschaft der Verbraucherverbände (Hrsg): *Gesundheitskost – gesunde Kost?* Aachen, 5. Aufl. 1996, S. 110–111.

162 Vgl. Barham 2006, S. 264.

163 Vgl. Albert Hofer: *Beiträge zur Etymologie und vergleichenden Grammatik der Hauptsprachen des Indogermanischen Stammes*, Bd. 1, Berlin 1839, S. 362.

164 Andere behaupten, Béchamel habe lediglich die vom Grafen Philippe de Mornay (1549–1623) erfundene »Sauce Mornay« variiert und ihr seinen Namen gegeben. Als dritter Erfinder wird auch noch Francois-Pierre de la Varenne (1615–1678), Küchenchef am Hof Ludwigs XIV., genannt. In diesen Streit mische ich mich nicht ein. Wen's interessiert, kann es nachlesen bei Linda Stradley: *History of Sauces*, New York 2004. Darin werden als Lebens- und Sterbedaten des Marquis Béchamel 1603–1703 genannt, ein für diese Epoche unglaublich hohes Alter. whatscookingamerica.net/History/SauceHistory.htm

165 Davidis 1845.

166 This-Benckhard 1998, S. 118.

167 Maier 2002, S. 9.

168 www.zeit.de/2000/42/200 042_stimmts.xml

169 Pollmer/Schmelzer-Sandtner 2003, S. 67.

170 http://kochblog.daskochrezept.de/muscheln-nur-in-den-monaten-mit-r/

171 Davis 1983.

172 Eine Umrechnung in die aktuell verwendete, mit hPa (Hektopascal) rechnende Druckskala ergibt für 5000 m = 540,25 hPa, für 8000 m = 356,06 hPa.

173 Die Abwasserpreise sind dabei natürlich noch nicht einberechnet.

174 This-Benckhard 1998, S. 91.

175 www.foren4vet.de/phpBB2/viewtopic.php?t=9761&sid=3ea0f0b66a64f831 716d487b72eea6ca

176 www.besserwisserseite.de/antworten/diverseantworten2.phtml

177 Die Erbswurst, eine eingedampfte und getrocknete Suppe, erfand der Koch und Konservenfabrikant Johann Heinrich Grünberg aus Berlin erst 1867. Der preußischen Staat konnte diese Erfindung ab 1870 im Deutsch-Französischen Krieg als »eiserne Ration« für seine Soldaten gut gebrauchen. Sie wurde mit Wasser rückverdünnt wieder zu einer annähernd essbaren Masse. Wenig kulinarisch veranlagte Bergsteiger schätzen sie noch heute, im Haushalt dagegen wird der Vorläufer des Conveniencefood selten verwendet und noch seltener geschätzt.

178 Nudelexperten sei das Kapitel »Storia della Pasta« in Peter Peters *Kulturgeschichte der italienischen Küche*, München 2006 empfohlen und Nudelprofessoren sollten Silvano Serventi und Francoise Sabbans *La Pasta. Storia e cultura di un cibo universale* (»Nudeln. Geschichte und Kultur einer globalen Speise«), Rom 2000 lesen. Beide Bücher behandeln die Nudel allerdings kulturgeschichtlich, nicht kochphysikalisch.

179 Vgl. Pollmer/Schmelzer-Sandtner 2003, S. 27–29.

180 www.blogigo.de/Fleischlos_gluecklich

181 *Bild der Frau* Nr. 30, 23. Juli 2007.

182 So etwa empfohlen im Bayerischen Rundfunk in »Die Sprechstunde« vom 22.2.2004: www.br-online.de/umwelt-gesundheit/sprechstunde/200 402/st20 040 202.shtml. Im selben Sender wurde am 13.04.2005 in der Sendung www.planet-wissen.de das Abschrecken aber als eine »vor allem in Deutschland häufig zu beobachtende Unart« gegeißelt. »Überhaupt«, wird im Kochtipp der WDR4-Radiosendung »Küchenlatein« am 30.6.2005 konstatiert, »ist das Nudeln-Abschrecken eine deutsche Unart, die jede Soße wässerig werden lässt und die nur dazu führt, dass die Pasta auf dem Tellerboden festklebt«. Dem ist, außer dem überflüssigen »e« bei »wässerig«, zuzustimmen.

183 http://de.primopiatto.barilla.com/lacucinaitaliana/isegretiincucina/tecniche/htm/13828_awContent.htm

184 *Kopfball*, 9. Oktober 2005, vgl. www.kopfball.de/arcflm.phtml?kbsec=arcflm&dr=datum&selFilm=543

185 Der Test wurde offensichtlich während einer Tiefdrucksituation gemacht.

186 Ein Mol ist die Stoffmenge eines Systems, das aus ebensoviel Einzelteilchen (Atomen, Molekülen, Ionen usw.) besteht, wie Atome in zwölf Gramm des Kohlenstoff-Nuklids ^{12}C enthalten sind. In einem Mol sind nämlich $6{,}022 \times 10^{23}$ Einzelteilchen. Alles klar? Ich muss gestehen, mir nicht.

187 Vgl. Walter Hartenbach: *Die Cholesterin- Lüge. Das Märchen vom bösen Cholesterin*, München 2002, Pollmer/Warmuth 2000, S. 64–83, etc.

188 www.stiftung-warentest.de/online/essen_trinken/test/1 294 892/1 294 892/1 293 329.html

189 Die 107 Seiten starke Verordnung (EWG) Nr. 2568/91 der Kommission vom 11. Juli 1991 über die Merkmale von Olivenölen und Oliventresterölen sowie die Verfahren zu ihrer Bestimmung (ABl. L 248 vom 5.9.1991, S. 1) stützt sich auf die Verordnung Nr. 136/66/EWG des Rates vom 22. September 1966 über die Errichtung einer gemeinsamen Marktorganisation für Fette, zuletzt geändert durch die Verordnung (EWG) Nr. 3577/90. Sie ersetzte auch die Verordnung (EWG) Nr. 1058/77 der Kommission, zuletzt geändert durch die Verordnung (EWG) Nr. 1858/88. Offensichtlich war die neue Verordnung aber nicht ganz ausgereift, denn sie wurde in den folgenden zwölf Jahren zwanzigmal ergänzt und dreimal berichtigt. Vielleicht ist der Grund dafür in dieser, in den Verordnungstext aufgenommenen Bemerkung zu suchen: »Der Verwaltungsausschuss für Fette hat nicht innerhalb der ihm von seinem Vorsitzenden gesetzten Frist Stellung genommen.«

190 Verordnung (EG) Nr. 865/2004 des Rates vom 29. April 2004 über die gemeinsame Marktorganisation für Olivenöl und Tafeloliven und zur Änderung der Verordnung (EWG) Nr. 827/68, ABI. L 161 vom 30.04.2004.

191 Verordnung (EG) Nr. 1019/2002 der Kommission vom 13. Juni 2002, leicht einzusehen über http://eur-lex.europa.eu/LexUriServ/site/de/oj/2002/l_155/l_15 520 020 614de00 270 031.pdf

192 Ref. 323, Bonn, 16.05.2006.

193 Nach neuerer Rechtschreibung leider auch falsch »Quäntchen« geschrieben, obwohl ein Quent als Wortstamm nichts mit einem Quantum zu tun hat, sondern mit dem Lateinischen quentinus, dem fünften Teil einer Sache.

194 Davidis 1845.

195 Ebd.

196 Mollenhauer 1988, S. 35.

197 Davidis 1845.

198 Mollenhauer 1988, S. 36.

199 Ebd., S. 37.

200 Wagner 1995, S. 59.

201 Uwe Spiekermann: »Verfehlter Gegensatz?! Fast Food contra Slow Food«, in: *Ernährungs-Umschau* 50 (2003), H. 9, S. 344–349, Zit. S. 344. Ausführlich dazu Wagner 1995.

202 Monika Offenberger: *So schmeckt die Zukunft. Sozial-ökologische Agrar- und Ernährungsforschung*, hrsg. v. Bundesministerium für Bildung und Forschung, Berlin 2005 (2), S. 13.

203 Rygel am 23.10.2006 im www.vegetarierforum.com/archive/index.php/t-570.html

204 Grat am 27.11.2006 in http://forum.garten-pur.de/Gartenkueche--52/Pasta-Saucen-15 566_0A.htm

205 Vgl: Mirjam Hecking: »Birkel. Vom Spätzle-Pionier zum Marktführer«, in: *Stern*, 6.12.2004.

206 Rotraud Degner: *Die Welt der Pasta – 150 Pastasorten in Text und Bild*, München 2000.

207 *Die Welt*, 8.7.2006.

208 Marcella Hazan, hier zit. n. Barnes 2006, S. 94.

209 Harold McGee: *The Curious Cook*, San Francisco 1990; Wolke 2003, S. 337.

210 Schudel 2005, S. 188.

211 Kämmer 2006, S. 137.

212 Ebd., S. 93–95.

213 Ebd., S. 117–118.

214 Davis 1983.

215 Werner Kollath: *Die Ordnung unserer Nahrung*, Stuttgart 1942.

216 Helen Podestat: *Auswirkungen unterschiedlicher Garverfahren auf den Betacarotin-Gehalt und den Feuchtegehalt verschiedener Gemüse*, Gießen 2002.

217 www.swr.de/buffet/guten-appetit/warenkunde/-/id=257 014/nid=257 014/did=823 404/1inw5lg/index.html

218 Vgl. dazu Pollmer/Warmuth 2000, S. 262–266.

219 *PlanetWissen*, Salz als Gewürz, Autorin: Sine Maier-Bode.

220 Ebd.

221 Vgl. Wolke 2003, S. 82.

222 www.cma.de/content/kartoffeln/kartoffeln-zubereiten.php

223 www.welt.de/print-wams/article103 419/Der_Nikolaus_kommt_zur_Lobster-Party.html

224 www.neurauter-frisch.at/nachschlagewerk/Kuechenfachwoerter%20von%20A%20-%20Z.pdf

225 http://home.balcab.ch/r.l.sperandio/rezept_969.html

226 www.ileverte.net/agneau.html

227 www.brauer-bund.de/bierfans/kochen/rezepte.php3?id=151&cat=10

228 Eugen Block in einem Fernsehinterview 2006.

229 This-Benckhard 1998, S. 94.

230 Annemarie Wildeisen: *Fleisch sanft garen bei Niedertemperatur*, Aarau 2007, S. 9. (Die Autorin verwendet die Schweizer Orthografie.)

231 Werner, Wirth: Intelligente Küche, Urtenen 2003, S. 116.

232 Justus von Liebig: *Chemische Untersuchung über das Fleisch und seine Zubereitung zum Nahrungsmittel*, Heidelberg 1847. Das ist die berühmte Abhandlung über die Gewinnung des Fleischextraktes.

233 Gorup-Besanez 1862, S. 621. Kapitel »Über den Chemismus der Zubereitung des Fleisches als Nahrungsmittel.«

234 Vgl. This-Benckhard 1998, S. 106.

235 Rumohr 1822, hier zit. n. d. Ausgabe Frankfurt 1978, S. 58 und 222.

236 Brillat-Savarin 1865. Das hübsch illustrierte Buch ist koch- und genusstechnisch vollkommen wertlos. Selbst wer einen feuilletonistischen Stil

schätzt, dürfte mit den Abschweifungen und dem weitgehend wertlosen Geschwafel dieser Plaudertasche heutzutage seine Schwierigkeiten haben. Einzig zur Fettleibigkeit vertritt Brillat-Savarin eine Auffassung, die ich vollkommen teile: »So ich ein wohlbestallter Arzt mit einem Doctordiplom wäre, ich hätte zuerst eine gute Monographie der Fettleibigkeit geschrieben, und dann hätte ich mein Reich in diesem Winkel der Wissenschaft aufgeschlagen und so den doppelten Vortheil genossen, Leute, die sich vortrefflich befinden, als Kranke zu behandeln, und ausserdem von der schönen Hälfte des Menschengeschlechtes täglich belagert zu werden, denn ein richtiges Maass von Rundung zu besitzen, weder zuviel noch zu wenig, ist für die Frauen das Studium ihres ganzen Lebens.«, S. 245.

237 Annemarie Wildeisen: *Fleisch sanft garen bei Niedertemperatur*, Aarau 2007, S. 9.

238 Diese eitle Behauptung halte ich so lange aufrecht, bis mir jemand das Gegenteil nachweist.

239 U.a. nachzulesen bei www.55plus-magazin.net/php/alte_kochirrtuemer_teil_3,13 331,8007.html

240 Maier 2002, S. 18.

241 www.spiegel.de/panorama/0,1518,522 773,00.html

242 Kerstin Kuhlmann in *NEON*, Jugendmagazin des *Stern* am 2.1.2006, www.neon.de/kat/114 047.html

243 Demeter, Bioland, Neuland, Naturland.

244 www.tierisch-engagiert.de/magazin/mittelstufe/nutztierhaltung5.php

245 www.tages-anzeiger.ch/dyn/leben/gourmet/477 401.html. Wörtlich und ohne Quellenangabe zitiert bei www.otto-gourmet.com/index.php?action=pig

246 www.gruene-bundestag.de/cms/agrar_verbraucher/dok/11/11 512.htm

247 www.chiemgau-inn-salzach.de/upload/pdf/projekte/omega3/Machbarkeitsstudie_Dustmann.pdf

248 www.was-wir-essen.de/abisz/1932_1633.php

249 http://borchardtsbauernladen.de/betrieb.html

250 www.br-online.de/umwelt-gesundheit/artikel/0506/07-schlachthof-fleisch-qualitaet/index.xml

251 www.rezepterang.de/fleisch/fleisch-rezepte_2590.html

252 www.cma.de/content/fleisch/fleischschnitt-und-garmethoden.php

253 www.sekretaria.de/version01/page/forum/showthread.php?PHPSESSID=&threadid=11238

254 www.bild.t-online.de/BTO/tipps-trends/gesund-fit/2007/02/serie-bio-teil2/bio-fleisch.html, 13.2.2007.

255 http://vorort.bund.net/mv/lawi/sma_pos.htm

256 Vgl. Günter Keil: »Chronik einer Panik. Ein Vierteljahrhundert Waldsterben – oder wie ein deutscher Mythos entstand, sich verfestigte und allmählich zerbröckelt. Beobachtungen aus dem Bundesforschungsministerium«, in: *DIE ZEIT*, 09.12.2004.

257 Karl Ludwig Schweisfurt: *Das Buch vom guten Fleisch*, München 2004, S. 49.

258 M. Wendt, K. Bickhardt, A. Herzog, A. Fischer, H. Martens, Th. Richter: »Belastungsmyopathie des Schweines und PSE-Fleisch: Klinik, Pathogenese, Ätiologie und tierschutzrechtliche Aspekte«, in: *Berl. Münch. Tierärztl. Wsch.* 113 (2000), S. 173–190. Vgl. auch Holger Martens: »Physiologie und Patophysiologie des Ryanodin-Rezeptors beim Schwein. Bedeutung für die Streßempfindlichkeit, Belastungsmyopathien, maligne Hyperthermie und die Qualität des Fleisches«, in: *Tierärztliche Praxis*, 1997, 25, S. 41–51.

259 Prof. Dr. Holger Martens, FU Berlin, Fachbereich Veterinärmedizin, Brief an den Verfasser vom 19. November 2007.

260 *Wiener Zeitung*, 27. Dezember 2002.

261 Christoph Drösser: »Das System Schwein«, in: *DIE ZEIT*, 11/2005, 10.3.2005.

262 http://drugster.com/anarcho/menschenkoerper1.html

263 This-Benckhard 1998, S. 98–99.

264 This-Benckhard 1998, S. 139.

265 Schudel 2005, S. 353.

266 www.tagesanzeiger.ch/dyn/leben/gourmet/573 920.html

267 Vgl. Barham 2006, S. 313.

268 Ebd., S. 313–314.

269 Wolfram Siebeck: »Butter aufs Haupt«, in: *DIE ZEIT*, 17.08.2006 Nr. 34.

270 Wolke 2003, S. 228.

271 *Greenpeace-Magazin* 6/04 – Ernährungswissenschaftlerin Ulrike Gonder über die kniffligsten Küchenfragen.

272 Quelle: www.inform24.de/nitro.html

273 This-Benckhard 1998, S. 97.

274 Christoph Drösser: »Verpuffte Energie«, in: DIE ZEIT vom 23.11.2006.

275 Über Zusatzstoffe, ihre e-Nummern, Namen, jeweilige Funktion und mögliche Nebenwirkungen informiert die »Die Verbraucher Initiative e.V.« auf www.zusatzstoffe-online.de. Über Zusatzstoffe international informiert der Codex Alimentarius mit seiner Datenbank »Codex General Standard for Food Additives«: www.codexalimentarius.net/gsfaonline/index.html

276 Vgl. u.a. Pollmer/Niehaus 2007.

Literatur, leicht kommentiert

Volker Angres, Claus-Peter Hutter, Lutz Ribbe: *Futter fürs Volk. Was die Lebensmittelindustrie uns auftischt,* München 2006, zuerst München 2001. Ein Werk, geschrieben mit einer ausgesprochen verschwörungstheoretischen Perspektive.

Peter Barham: *Die letzten Geheimnisse der Kochkunst. Hintergründe, Rezepte, Experimente*, München 2005, dt. zuerst Berlin/Heidelberg 2004. Ein Koch, der sich der molekulargastronomischen Richtung nahe fühlt.

Julian Barnes: *Fein gehackt und grob gewürfelt. Der Pedant in der Küche*, München 2006. Ein Romanautor, der wirklich gut schreiben und kochen kann.

Jean-Anthelme Brillat-Savarin: *Physiologie des Geschmacks oder physiologische Anleitung zum Studium der Tafelgenüsse*, Braunschweig 1865, zuerst Paris 1826, hier zit. n. dem Nachdruck Leipzig 1983. Ein Klassiker der Kochbuchliteratur.

Henriette Davidis: *Zuverlässige und selbstgeprüfte Recepte der gewöhnlichen und feineren Küche. (...)*, Bielefeld (Velhagen & Klasing) 1845. Ab der 3. Auflage erschien das Buch unter dem bekannteren Titel *Praktisches Kochbuch für die gewöhnliche und feinere Küche. (...)*. Bis 1942 brachte der Verlag 62 Auflagen heraus, darunter auch Schmuckausgaben. Nach Ablauf der Urheberrechte erschienen zahllose Bearbeitungen und Nachdrucke, zuletzt ein Reprint der Erstausgabe u. d. T. *Praktisches Kochbuch für die gewöhnliche und feinere Küche*, hrsg. von Walter Methler (Veröffentlichungen des Henriette-Davidis-Museums), Wetter (Ruhr) 1994. Das ganze Buch kann man nachlesen unter www.gutenberg-for-kids.de/davidis/kochbuch/0htmldir.htm.

Adelle Davis: *Let's Eat Right to Keep Fit*, Orlando 1954, deutsch u. d. T. *Jeder kann gesund sein*, Bonn 1974. In Deutschland vor allem bekannt ist ihr Buch *Let's stay healthy*, deutsch u. d. T. *Gesund bleiben – ein Leben lang*, Bonn 1983. Die amerikanische Ernährungslehrerin (1904–1974) machte sich seit den 1920er Jahren für den Verzehr unverarbeiteter Lebensmittel und gegen Zusatzstoffe stark. Der Nachklang ihrer Lehre ist auch in Europa noch in vielen Empfehlungen zu spüren.

Eugen Freiherr von Gorup-Besanez: *Lehrbuch der physiologischen Chemie*, Braunschweig 1862. Verbreitete den von Liebig in die Welt gesetzten Irrtum der beim Fleisch zu schließenden Poren.

Frank Kämmer: *Kleines Lexikon der Wein-Irrtümer*, Frankfurt a. M. 2006. *Das* Weinlexikon an sich.

Silke Martin: *Kulinarische Physik*, Graz 2002. Magisterarbeit, im Internet vollständig nachzulesen unter http://rath.brgkepler.at/fba/index.html.

Dirk Maxeiner, Michael Miersch: *Biokost & Ökokult. Welches Essen ist wirklich gut für uns und unsere Umwelt*, München 2008. Eine schonungslose Darstellung des naiven Versuchs, durch Biokost sich und die Welt zu retten. Ergebnis: Bio ist nicht besser, häufig dagegen gesundheitsgefährdend.

Annerose Menninger: *Genuss im kulturellen Wandel. Tabak, Kaffee, Tee und Schokolade in Europa (16.–19. Jahrhundert)*, Stuttgart 2004. Die bisher beste Analyse zum Gebrauch von Genussmitteln.

Hans P. Mollenhauer: *Von Omas Küche zur Fertigpackung. Aus der Kinderstube der Lebensmittelindustrie*, Gernsbach 1988. Eine gute Übersicht über das Zusammenwirken von Entwicklung, Marketing und Werbung im 19. Jahrhundert.

Richard Olney: *Simple French Food*, London 2003; ders.: *Gemüse*, Amsterdam 1979. Als frankophiler Amerikaner kombiniert Olney die besten Küchenmethoden beider Kultursphären.

Pauli → Schudel

Michael Pollan: The Omnivore's Dilemma. A natural history of four meals, New York 2006. Beschreibung eines mutigen Selbstversuchs, sich »natürlich« zu ernähren.

Udo Pollmer, Susanne Warmuth: *Lexikon der populären Ernährungsirrtümer, Missverständnisse, Fehlinterpretationen und Halbwahrheiten von Alkohol bis Zucker*, München 2002, zuerst Frankfurt (Eichborn-Lexikon) 2000 und Neuausgabe 2007. Ein Klassiker der Irrtumslexika.

Udo Pollmer, Brigitte Schmelzer-Sandtner: *Wohl bekomm's! Was Sie vor dem Einkauf über Lebensmittel wissen sollten*, Köln 1998, 3. Auflage 2003.

Udo Pollmer, Monika Niehaus: *Food-Design. Panschen erlaubt. Wie unsere Nahrung ihre Unschuld verliert*, Stuttgart 2007. Hintergrundinformationen aus einer schuldenfreien Branche.

Karl Friedrich von Rumohr: *Geist der Kochkunst*, Frankfurt a.M. 1978, zuerst München 1822. Anfänglich erschien das Buch unter dem Namen seines Kochs Joseph König. Rumohr war einer der Begründer der Kunstwissenschaft.

Walter Schudel (Hrsg.): *Pauli. Lehrbuch der Küche für Theorie und Praxis der modernen Koch- und Küchentechnik*, Neuhausen 2005, S. 353. Das Standardwerk der Schweizer Kochausbildung, nicht immer irrtumsfrei.

Karl Ludwig Schweisfurth: *Das Buch vom guten Fleisch*, München 2004. Ökologieorientiertes Buch zu Tierzucht und Fleischverarbeitung.

Jeffrey Steingarten: *Der Mann, der alles isst. Aufzeichnungen eines Gourmets*, München 2006, zuerst New York 1997. Ein Gourmand mit tolerantem Verdauungssystem.

Hervé This-Benckhard: *Rätsel der Kochkunst. Naturwissenschaftlich erklärt*, München 1998, dt. zuerst Berlin/Heidelberg 1996, zuerst Paris 1993. Einer der Gründer der Molekulargastronomie, Lehrer am Collège de France im Fach Physik und Chemie des Kochens.

Hervé This-Benckhard: *Kulinarische Geheimnisse. 55 Rezepte naturwissenschaftlich erklärt*, München 1999, zuerst Paris 1995.

Thomas Vilgis: *Die Molekül-Küche. Physik und Chemie des feinen Geschmacks*, Stuttgart 2005, 7. korrigierte Auflage Stuttgart 2007. Molekularphysiker mit dem Spezialgebiet molekulare Küche. Der Autor bleibt trotz guter Kenntnis der Maillard-Reaktion ein Freund heißen und schnellen Anbratens.

Christoph-Wagner: *Fast schon Food. Die Geschichte des schnellen Essens*, Bergisch Gladbach 2001, zuerst Frankfurt a. M. 1995. Fundierte historische Darstellung einer oft geschmähten Branche.

Robert L. Wolke: *Was Einstein seinem Koch erzählte. Naturwissenschaft in der Küche*, München 2003, zuerst New York/London 2002. Das Buch, das mich auf den Geschmack brachte, mich um Vorgänge zu kümmern, die beim Kochen wirklich passieren.

Abbildungsnachweis

Abbildungen aus dem Katalog *Illustriertes Preis-Buch für Blech-, Metall- & Lackirwaren* von Albert Frank, Lampen- & Metallwaren-Fabrik, München 1903, auf den mich Dr. Dirk Tölke (Aachen) freundlicherweise hingewiesen hat. Abbildungen auf den Seiten 75, 106, 184, 188, 189 aus dem Archiv des Verfassers.

Register

Der Verlag mit der Fliege empfiehlt:

Frank Kämmer, Kleines Lexikon der Wein-Irrtümer

192 Seiten / gebunden

ISBN 978-3-8218-6033-6

»Der Autor schreibt sachkundig und mit viel Sinn für Humor.«
Der Feinschmecker

Der Schwefel macht die Kopfschmerzen, über Eisweintrauben muss einmal der Frost gegangen sein, Rotwein macht man aus roten Trauben: die Welt des Weins ist ein dankbares Feld für populäre Irrtümer, Halbwahrheiten und Vorurteile. Frank Kämmer, erster deutscher »Master Sommelier« und Autor zahlreicher unterhaltsamer Bücher zum Thema, hat sich die häufigsten und kuriosesten Wein-Irrtümer vorgenommen und erklärt anschaulich und mit viel Witz, wo vielleicht doch ein wenig Wahrheit im Weine liegt.

Sarah Wiener, Meine kulinarische Reise durch Frankreich

Eine Liebeserklärung mit Rezepten
160 Seiten / gebunden

ISBN 978-3-8218-7315-2

»Ein wunderbares Menü aus Geschichten und Rezepten.«
Stuttgarter Zeitung

Mit ihrem roten Käfer-Cabrio ist die Starköchin Sarah Wiener viele Wochen durch das Heimatland der Feinschmecker gefahren. Die Erfahrungen auf den dreißig Stationen ihrer Tour de France präsentiert sie hier als abwechslungsreiches Menü aus reich illustrierten Geschichten über Land und Leute, Koch-Anekdoten, Einkaufs-, Küchen- und Serviertipps, Rezepten und Adressen.

Eichborn
www.eichborn.de